KB197758

QPASS
떡제조 기능사
필기 실기

이현경, 이현석, 김정여, 신현호, 강경아, 김성아,
박은미, 조미정, 김채옥, 김욱진 공저

다락원

이현경
국가공인 조리기능장
아현산업정보학교 교사
떡제조기능사 실기시험 감독위원

김정여
국가공인 조리기능장
궁전 요리/제빵/미용 직업전문학교 대표
다수 대학교 겸임교수

강경아
영양사
한식산업기사, 중식산업기사
한성대학교 외식경영 박사과정

박은미
국가공인 조리기능장
한경대학교 농업과학교육원 농식품가공과 지도교수
쿡앤베이킹 대표

김채옥
전통요리연구가
떡제조기능사
한식조리기능사

이현석
병천고등학교 교사
외식경영학 석사, 교육학 석사
떡제조기능사

신현호
국가공인 조리기능장
경희의료원 영양담당
떡제조기능사 실기시험 감독위원

김성아
국가공인 조리기능장
우송대학교 외식조리학부 초빙교수
소진공, 서금원 외부전문가

조미정
서울호서전문학교 교수
떡제조기능사
전) 조선호텔 세프

김욱진
국가공인 조리기능장
한국외식과학고등학교 교사
국가기술자격검정 감독위원

머리말

우리나라의 역사에 디저트, 간식이라고 하면 절대 빠질 수 없는 떡!!!
그러나 서양의 화려한 케이크와 빵들로 점점 그 입지가 줄고 있다고 생각할 수 있다.
그러나 떡도 진화하고 있다. 케이크보다 더 화려해지고, 형태도 다양하고, 아이디어가 돋보이는
떡의 개발도 이루어지고 있다. 또한 가장 중요한 건강 먹거리라는 긍정적인 이미지까지......

이제는 큰 행사나 명절, 답례품으로서의 떡이 아니라 언제나 즐기는 간식으로 더 가까워지고 있
는 것이다. 따라서 이런 떡 제조와 관련된 전통음식의 재부활은 매우 기분 좋은 소식이고 발전시
켜야 한다는 사명감 마저 들게 한다.

이 책은 전통 떡에 대한 애정에서부터 시작되어 많은 사람들이 새로운 자격증과 맞물려 우리 전
통 먹거리에 대해 공감하길 바라는 마음에서 집필하게 되었다.
떡의 재료부터 조리방법, 도구, 특징 등을 비롯하여 만드는 방법까지 기본에 충실하고 어렵지 않
게 다가갈 수 있도록 준비하였다.

또한 아직 정보가 많이 없어 어떤 교재를 선택해야 할지 모르는 수험생들을 위해 내가 겪었던 마
음을 담아 보다 이해하기 쉽게, 여러분이 궁금해 할 부분을 보다 명쾌하게 설명하려고 노력했다.
새로이 바뀐 출제기준에 맞추어 구성하고 문제를 만들고 오랜 시간 고치고 고쳐 이 책이 나오게
되었다.

필기는 출제기준에 맞추어 구성하였고, 예상문제와 모의고사 문제로 구성되었다.
실기는 전 과정의 사진과 설명을 상세하게 수록하였으며, 두 과제를 동시에 진행하는 과정으로
설명하여 혼자서도 쉽게 연습할 수 있도록 하였다.

이 책을 선택해 주신 수험생들을 언제나 응원하며, 국가공인 떡제조기능사 자격증 취득이라는
짜릿함을 느낄 수 있게 여러분 모두의 합격을 기원한다.

필기시험 안내

자격명	영문명	관련부처	시행기관
떡제조기능사	Craftman Tteok Making	식품의약품안전처	한국산업인력공단

떡제조기능사 **필기** — 합격 → 떡제조기능사 **실기** — 합격 → 떡제조기능사 **자격증 취득**

01 시험정보

○ 시험 개요 : 곡류, 두류, 과채류 등과 같은 재료를 이용하여 각종 떡류를 만드는 자격으로, 필기(떡 제조 및 위생 관리) 및 실기(떡제조 실무) 시험에서 100점을 만점으로 하여 60점 이상 받은 자에게 부여하는 자격

○ 시험 일정
  – 떡제조기능사 시험 일정은 큐넷 홈페이지(www.q-net.or.kr)에서 확인(연 4회).
  – 시험 일정은 종목별, 지역별로 상이할 수 있음.
  – 접수 일정 전에 공지되는 해당 회별 수험자 안내 참조 필수

○ 수수료 : 14,500원
○ 시험과목 및 활용 국가직무능력표준(NCS)

과목명	떡 제조 및 위생관리
활용 NCS 능력단위	설기떡류 만들기, 켜떡류 만들기, 빚어 찌는 떡류 만들기, 약밥 만들기, 인절미 만들기, 고물류 만들기, 가래떡류 만들기, 찌는 찰떡류 만들기, 위생관리, 안전관리

*국가기술자격의 현장성과 활용성 제고를 위해 국가직무능력표준(NCS)을 기반으로 자격의 내용(시험과목, 출제기준 등)을 직무 중심으로 개편하여 시행합니다.

02 필기 검정현황

연도	응시	합격	합격률
2023	8,357	5,906	70.7%
2022	6,846	4,749	69.4%
2021	7,110	5,192	73.0%

03 출제기준

주요항목	세부항목	세세항목
1. 떡 제조 기초이론	1. 떡류 재료의 이해	1. 주재료(곡류)의 특성 2. 주재료(곡류)의 성분 3. 주재료(곡류)의 조리원리 4. 부재료의 종류 및 특성 5. 과채류의 종류 및 특성 6. 견과류·종실류의 종류 및 특성 7. 두류의 종류 및 특성 8. 떡류 재료의 영양학적 특성
	2. 떡의 분류 및 제조도구	1. 떡의 종류 2. 제조기기(롤밀, 제병기, 펀칭기 등)의 종류 및 용도 3. 전통도구의 종류 및 용도
2. 떡류 만들기	1. 재료준비	1. 재료관리 2. 재료의 전처리
	2. 고물 만들기	1. 찌는 고물 제조과정 2. 삶는 고물 제조과정 3. 볶는 고물 제조과정
	3. 떡류 만들기	1. 찌는 떡류(석기떡, 켜떡 등) 제조과정 2. 치는 떡류(인절미, 절편, 가래떡 등) 제조과정 3. 빚는 떡류(찌는 떡, 삶는 떡) 제조과정 4. 지지는 떡류 제조과정 5. 기타 떡류(약밥, 증편 등)의 제조과정
	4. 떡류 포장 및 보관	1. 떡류 포장 및 보관 시 주의사항 2. 떡류 포장 재료의 특성
3. 위생·안전관리	1. 개인 위생관리	1. 개인 위생관리 방법 2. 오염 및 변질의 원인 3. 감염병 및 식중독의 원인과 예방대책
	2. 작업 환경 위생 관리	1. 공정별 위해요소 관리 및 예방(HACCP)
	3. 안전관리	1. 개인 안전 점검 2. 도구 및 장비류의 안전 점검
	4. 식품위생법 관련 법규 및 규정	1. 기구와 용기·포장 2. 식품등의 공전(公典) 3. 영업·벌칙 등 떡제조 관련 법령 및 식품의약품안전처 개별 고시
4. 우리나라 떡의 역사 및 문화	1. 떡의 역사	1. 시대별 떡의 역사
	2. 시·절식으로서의 떡	1. 시식으로서의 떡 2. 절식으로서의 떡
	3. 통과의례와 떡	1. 출생, 백일, 첫돌 떡의 종류 및 의미 2. 책례, 관례, 혼례 떡의 종류 및 의미 3. 회갑, 회혼례 떡의 종류 및 의미 4. 상례, 제례 떡의 종류 및 의미
	4. 향토 떡	1. 전통 향토 떡의 특징 2. 향토 떡의 유래

○ 검정방법 : 객관식 60문항(60분)
○ 합격기준 : 100점을 만점으로 하여 60점 이상

차례

>> 실기편 차례는 199쪽으로

Part 1
떡 제조 기초이론

떡류 재료의 이해

1 주재료(곡류)의 특성

1 쌀

특성	• 벼는 왕겨, 외피(겨), 배아, 배유로 구성(배아 : 영양가↑, 외피 : 소화율↓) • 현미는 벼에서 왕겨(층)를 제거한 것(외피(겨)·배아·배유를 포함, 영양가↑, 소화율↓) • 백미는 현미에서 외피, 배아를 제거하여 배유만 남은 것(영양가↓, 소화율↑) • 쌀의 수분함량 : 생쌀은 13~15%, 불린쌀은 20~30% 정도의 수분 함유 • 쌀의 단백가 77 • 탄수화물(전분)과 단백질(오리제닌)로 구성 • 도정을 많이 할수록 단백질, 지방, 회분, 섬유 및 무기질과 비타민의 함량 감소, 당질의 함량 증가	
구분	멥쌀	• 아밀로오스 20~25%, 아밀로펙틴 75~80% • 요오드 정색반응 시 청남색 • 물에 불리면 약 1.2배 무게 증가 • 찹쌀보다 호화, 노화가 빠르게 일어남
	찹쌀	• 아밀로펙틴 100% • 요오드 정색반응 시 적갈색 • 물에 불리면 약 1.4배 무게 증가 • 멥쌀보다 호화, 노화가 느림
떡류	• 멥쌀 : 설기, 켜떡, 절편, 송편, 가래떡 등 • 찹쌀 : 인절미, 단자, 경단, 화전, 우찌기 등	

Tip **형태에 따른 쌀의 종류 ★**

인디카형(인도형)	쌀알이 가늘고 긴 모양의 장립종, 밥을 지었을 때 끈기가 없고 씹을 때 단단
자포니카형(일본형)	쌀알이 굵고 짧은 모양의 단립종, 밥을 지었을 때 끈기가 있음
자바니카형	쌀알의 크기와 끈기가 인디카형과 자포니카형 중간

Tip **쌀의 수침 시 영향을 주는 요인**
쌀의 상태(품종, 저장 기간), 물의 온도 등

2 보리

특성	· 껍질이 알맹이에서 분리되지 않는 겉보리, 성숙 후 잘 분리되는 쌀보리 구분 · 주성분은 전분, 탄수화물 70%, 단백질 8~12%, 비타민 B군이 많으며 도정해도 손실이 적음 · β-글루칸 함유로 콜레스테롤 저하 및 변비 예방 · 보리의 고유한 단백질 : 호르데인	
구분	압맥	보리쌀을 기계로 눌러 단단한 조직을 파괴하여 가공, 소화율↑
	할맥	보리쌀을 홈을 따라 2등분으로 분쇄하여 가공, 섬유소 함량↓, 소화율↑, 쌀과 비슷
떡류	보리개떡	

3 밀

특성	· 밀가루의 단백질은 탄성이 높은 글루테닌(Glutenin)과 점성이 높은 글리아딘(Gliadin)으로 구성 · 물과 결합하여 점·탄성 성질을 갖는 글루텐(Gluten) 형성 · 글루텐 형성 도움 : 소금, 달걀, 우유 · 글루텐 형성 방해 : 설탕, 지방	
구분	강력분	· 글루텐 함량 13% 이상 · 식빵, 마카로니, 파스타 등
	중력분	· 글루텐 함량 10% 이상 13% 미만 · 국수류(면류), 만두피 등
	박력분	· 글루텐 함량 10% 미만 · 튀김옷, 케이크, 파이, 비스킷 등
떡류	밀쌈, 백숙병, 상화 등	

4 수수

특성	· 날것으로 과량 섭취 시 중독현상을 일으킴 · 떫은맛의 탄닌 성분으로 세게 문질러 씻거나 붉은 물이 나오지 않을 때까지 여러 번 물을 갈아 씻어 사용 · 다른 곡류에 비해 호화율과 소화흡수율이 낮음	
구분	차수수	단백질·지방 함량↑
	메수수	단백질·지방 함량↓
떡류	수수개떡, 수수경단, 수수팥떡, 수수부꾸미, 수수무살이 등	

5 조

특성	• 소화율이 보리류보다 좋고 칼슘 함량이 많음 • 단백질 중 프롤라민이 많고 소화율이 좋음	
구분	메조	쌀이나 보리와 혼식용, 죽, 단자 등 이용
	차조	밥, 엿, 떡 또는 민속주의 원료로 이용
떡류	오메기떡, 차좁쌀떡, 조침떡 등	

6 옥수수

특성	• 탄수화물(전분), 단백질(제인)로 구성 • 옥수수를 쪄서 알맹이만 말려서 가루로 만들어 사용
떡류	옥수수설기 등

7 메밀

특성	• 껍질을 제거한 후 알맹이만 곱게 갈아서 사용 • 몸의 열기와 습기를 배출시키는 찬 음식 • 비만 예방, 성인병, 고혈압에 좋음
떡류	빙떡, 총떡, 메밀주악 등

2 주재료(곡류)의 성분 및 조리원리

1 전분의 특징

① 광합성에 의해 만들어진 식물의 저장 탄수화물

② 아밀로오스(Amylose)와 아밀로펙틴(Amylopectin)으로 구성

③ 산과 효소(아밀라아제)에 의해 분해되어 덱스트린과 맥아당 생성

Tip **멥쌀과 찹쌀 ★**
- 멥쌀 : 아밀로펙틴 80%, 아밀로오스 20%
- 찹쌀 : 아밀로펙틴 100%

2 전분의 호화(α화)

날 전분(β전분)에 물을 붓고 열을 가하여 70~75℃ 정도가 될 때 전분 입자가 크게 팽창하여 점성이 높은 반투명의 콜로이드 상태인 익힌 전분(α전분)으로 되는 현상

(1) 호화(α화)에 영향을 주는 요소★

① 가열온도가 높을수록 호화↑

② 전분 입자가 클수록 호화↑ (고구마, 감자가 곡류보다 입자가 커서 호화가 잘됨)

③ pH가 알칼리성일 때 호화↑

④ 염류, 알칼리(NaOH) 첨가 시 호화↑

⑤ 수침시간이 길수록 호화↑

⑥ 가열 시 물의 양이 많을수록 호화↑

⑦ 소금, 산 첨가 시 호화↓

3 전분의 노화(β화)

호화된 전분(α전분)을 상온이나 냉장고에 방치하면 수분의 증발 등으로 인해 날 전분(β전분)으로 되돌아가는 현상

(1) 노화(β화)에 영향을 주는 요소★

① 아밀로오스의 함량이 많을 때 노화↑ : 멥쌀 > 찹쌀

② 수분함량이 30~60%일 때 노화↑

③ 온도가 0~5℃일 때 노화↑ (냉장은 노화촉진, 냉동×)

④ 다량의 수소이온 노화↑

(2) 노화(β화)를 억제하는 방법★

① 수분함량을 15% 이하로 유지

② 환원제, 유화제 첨가

③ 설탕 다량 첨가

④ 0℃ 이하로 급속냉동(냉동법)시키거나 80℃ 이상으로 급속히 건조

4 전분의 호정화(덱스트린화)

날 전분(β전분)에 물을 가하지 않고 160~170℃로 가열했을 때 가용성 전분을 거쳐 덱스트린(호정)으로 분해되는 반응 예 누룽지, 토스트, 팝콘, 미숫가루, 뻥튀기 등

Tip **호화와 호정화의 차이점**

호화	호정화
보존기간 짧다	보존기간 길다
노화가 일어난다	노화가 일어나지 않는다

5 전분의 당화

전분에 산이나 효소를 작용시키면 가수분해되어 단맛이 증가하는 과정
예 식혜, 조청, 물엿, 고추장 등

혼합	• 곡류가루와 혼합하여 사용 • 종류 : 콩류, 팥, 밤, 대추, 호두, 은행 등
고물	• 떡의 맛과 색을 돋보이게 하거나 떡의 노화 지연 • 겉고물용 : 콩고물, 팥고물, 녹두고물, 동부고물, 깨고물, 대추채, 밤채 등 • 속고물용 : 앙금류, 볶은 깨
고명	• 음식의 모양과 빛깔을 돋보이게 하고 음식의 맛을 더함 • 제철 식용꽃이나 대추, 밤, 석이버섯채를 이용해서 만듦 • 진달래꽃, 매화꽃, 대추, 밤, 석이버섯, 호두, 콩, 잣, 정과류 등
발색제	• 천연색소를 넣어 외관을 좋게 하고 향과 맛을 더함 • 붉은색 : 오미자, 백년초, 비트, 딸기, 홍국쌀 등 • 주황색 : 파프리카가루, 황치즈가루 등 • 노란색 : 치자, 울금, 송화, 단호박 등 • 녹색 : 쑥, 녹차, 연잎, 승검초 등 • 보라색 : 자색고구마, 오디, 포도 등 • 검정색 : 석이버섯, 흑임자, 흑미 등 • 갈색 : 도토리, 감, 계피 등
감미료	• 단맛을 내는 것 외에 보습, 방부작용, 음식의 광택을 줌 • 종류 : 꿀, 설탕, 조청, 엿 등

아는 문제(○), 헷갈리는 문제(△), 모르는 문제(x) 표시해 복습에 활용하세요.

1 ○ △ X

떡의 주재료로 틀린 것은?

① 콩　　　　　　　　　② 찹쌀

③ 보리　　　　　　　　④ 멥쌀

2 ○ △ X

쌀에 대한 설명으로 틀린 것은?

① 쌀 단백질은 오리제닌(Oryzenin)이다.

② 멥쌀은 아밀로펙틴 100%로 구성되어 있다.

③ 아시아지역에서 전 세계 쌀의 약 90% 이상을 생산한다.

④ 쌀에는 단백질이 있으나 필수아미노산인 리신이 부족하다.

3 ○ △ X

찹쌀가루에 요오드 용액을 떨어뜨리면 변하는 색으로 옳은 것은?

① 적갈색　　　　　　　② 청자색

③ 녹갈색　　　　　　　④ 변화없음

4 ○ △ X

노화를 지연시키는 방법으로 틀린 것은?

① 냉동실에 보관한다.

② 냉장고에 보관한다.

③ 당 함량을 높여준다.

④ 수분함량을 10% 이하로 낮춰준다.

5 ○ △ X

멥쌀로 만든 떡이 찹쌀로 만든 떡보다 노화가 빠른 이유로 옳은 것은?

① 아밀로오스의 함량이 적다.

② 아밀로펙틴의 함량이 적다.

③ 섬유질의 함량이 적다.

④ 덱스트린의 함량이 적다.

---

1 떡의 주재료로 주로 곡류가 이용된다. 콩류는 부재료에 해당한다.

2 멥쌀은 아밀로펙틴 80%, 아밀로오스 20%로 구성되어 있으며, 필수아미노산 중 리신이 부족하여 두류와 섞어서 먹는 것이 영양적으로 우수하다.

3 [요오드 반응]
- 찹쌀가루 : 적색(적갈색, 적자색)
- 멥쌀가루 : 청색(청남색, 청자색)

4 전분의 노화 방지법
- 수분을 15% 이하 건조
- 냉동 보관 또는 60℃ 이상 보온 보관
- 설탕 또는 유화제 첨가
- 아밀로펙틴의 비율을 높임

5 멥쌀은 찹쌀보다 아밀로오스 함량은 높고, 아밀로펙틴의 함량은 적다. 즉, 아밀로펙틴의 함량이 높은 찹쌀이 멥쌀보다 노화가 느리다.

 정답

| 1 ① | 2 ② | 3 ① | 4 ② | 5 ② |

6 ●▲Ⅹ

벼의 왕겨층만 벗겨낸 것으로 지방, 단백질, 비타민은 풍부하나 소화율이 떨어지는 것은?

① 백미
② 현미
③ 찹쌀
④ 멥쌀

7 ●▲Ⅹ

쌀 수침 시 수분흡수율에 영향을 미치는 요인으로 틀린 것은?

① 저장기간
② 품종
③ 재배지역
④ 수침 시 물의 온도

8 ●▲Ⅹ

멥쌀가루에 요오드 용액을 떨어뜨리면 변하는 색으로 옳은 것은?

① 청자색
② 녹갈색
③ 적자색
④ 변화 없음

9 ●▲Ⅹ

떡 제조에 적합하지 않은 쌀의 종류는?

① 단립종
② 멥쌀
③ 인디카형
④ 자포니카형

10 ●▲Ⅹ

같은 색을 내는 발색제로 연결되지 않은 것은?

① 대추고, 도토리
② 치자, 송진
③ 단호박, 송화
④ 흑임자, 석이버섯

---

6 벼는 왕겨층, 쌀겨(과피, 종피, 호분층), 배아, 배유로 구성되어 있으며, 왕겨층만 제거한 것을 현미라고 한다.

7 쌀의 품종과 저장기간, 물의 온도는 수분흡수율에 영향을 미친다.

8 멥쌀가루에 요오드 용액을 떨어뜨리면 청색, 찹쌀가루는 적색으로 변한다.

9 • 자포니카형은 단립종으로 한국, 일본에서 주로 생산되며 점성이 크며, 멥쌀과 찹쌀로 구분된다.
• 인디카형은 장립종으로 인도, 동남아시아 등에서 주로 생산되며 끈기가 적고 부슬부슬하여 떡의 제조로 적합하지 못하다.

10 • 분홍색 : 딸기, 복분자분말, 적파프리카, 비트, 오미자, 지초, 백년초
• 보라색 : 자색고구마, 흑미, 포도, 복분자
• 초록색 : 쑥, 시금치, 모시잎, 녹차분말, 승검초분말, 뽕잎, 클로렐라분말
• 노란색 : 치자, 단호박, 송화, 샤프란
• 갈색 : 계핏가루, 코코아가루, 커피, 대추고, 송진, 캐러멜소스, 송기, 도토리가루
• 검은색 : 흑미, 흑임자, 석이버섯

6 ②	7 ③	8 ①	9 ③	10 ②

떡의 분류 및 제조도구

1 떡의 종류

1 찌는 떡(증병, 甑餅) ★

설기떡 (무리병)	• 멥쌀가루만을 찌거나 멥쌀가루에 부재료를 혼합하여 찌는 떡 • 콩, 쑥, 밤, 대추, 과일 등 부재료가 들어가기도 함 • 종류 : 백설기, 콩설기, 무리병, 쑥설기, 호박설기, 무지개떡 등
켜떡	• 쌀가루를 나누어 중간에 켜와 켜 사이에 고물을 얹어가며 찌는 떡 • 보통 시루떡이라고 함 • 종류 : 메(찰)시루떡, 도행병, 느티떡, 신과병, 콩찰편, 깨찰편 등
빚는 떡	• 쌀가루를 익반죽, 빚기, 찌기의 과정을 거쳐 완성한 떡 • 종류 : 송편, 모시잎송편, 쑥송편 등
모양을 잡아가며 찌는 떡	• 두텁떡 : 거피팥을 쪄서 간장과 꿀을 넣고 볶아 고물을 만들어 뿌린 다음 찹쌀가루를 한 수저, 소, 찹쌀가루 한 수저를 넣고 팥고물을 얹어 찐 떡 • 혼돈병 : 찹쌀가루에 꿀, 승검초가루, 계핏가루 등을 섞은 후 황률소를 방울지게 얹어 찌는 떡
발효떡	• 증편 : 멥쌀가루에 술(주로 막걸리)을 넣고 발효시킨 떡
약식	• 찹쌀에 대추 · 밤 · 잣 등을 섞어 찐 다음 기름과 꿀, 간장으로 버무려 만든 음식 • 정월대보름의 절식으로 약밥, 약반이라고도 함

> **Tip 신과병 ★**
> • 멥쌀가루에 햇과일을 섞어 녹두고물을 올려 찐 떡
> • '규합총서'에 나옴

2 치는 떡(도병, 搗餅) ★

가래떡	• 흰떡 • 불린 쌀을 시루에 찐 후 절구에 넣어 찧거나 쳐서 길게 만든 떡 • 종류 : 떡국떡, 조랭이떡, 절편 등
절편	• 가래떡을 떡살로 눌러 떡살 모양의 크기대로 자른 떡 • 종류 : 쑥절편, 수리취절편 등

인절미	• 찹쌀을 찐 후 안반에 놓고 떡메로 친 뒤에 적당한 크기로 썰어 고물을 묻힌 떡 • 인절병, 인병 • 종류: 오색인절미, 꽃인절미, 쑥인절미 등
개피떡	• 치댄 떡을 얇게 밀어 콩가루나 팥으로 소를 넣고 반달모양으로 찍어 만든 떡
단자류	• 치댄 반죽에 소를 넣고 둥글게 빚어 고물을 묻힌 떡

③ 지지는 떡(유전병, 油煎餅)★

화전	• 찹쌀가루를 반죽하여 동그랗고 얇게 펴 놓고 그 위에 제철에 나는 꽃잎을 장식하여 지진 떡 • 종류 : 진달래 화전, 국화전, 곤떡, 토란병 등
주악	• 찹쌀을 익반죽하여 깨, 곶감, 유자청건지 등으로 만든 소를 넣고 조약돌 모양처럼 빚어 기름에 지져 낸 떡 • 종류 : 대추주악, 은행주악, 설기주악 등
부꾸미	• 찹쌀이나 찰수수, 밀가루 반죽 또는 녹두를 갈아서 전병처럼 기름에 지진 후에 소를 넣고 반달 모양 으로 접은 떡 • 종류 : 수수부꾸미, 꽃부꾸미 등
산승	• 찹쌀가루에 꿀을 넣고 익반죽하여 세 뿔 모양으로 둥글게 빚어 기름에 지져 낸 후 잣가루와 계피가루 를 뿌려 만든 독특한 형태의 전병
기타 전병류	• 노티떡, 메밀총떡, 서여향병, 토란병, 빙자병, 빙떡, 곤떡 등

Tip **웃끼떡★**
• 그릇에 떡을 담거나 괸 후 그 위에 모양을 내려고 얹어 장식하는 떡
• 화전, 주악, 부꾸미, 단자 등을 이용

Tip **서여향병**
마를 통째로 찐 후 썰어 꿀에 재어두었다가 찹쌀가루를 묻혀서 지져낸 다음 잣가루를 입힌 떡

④ 삶는 떡(경단, 瓊團)★

경단	• 동글동글한 모양이 구슬 같다는 뜻 • 찹쌀가루나 수수가루 등을 익반죽하여 둥글게 빚어서 끓는 물에 삶아내어 콩고물이나 깨고물에 묻힌 떡 • 수수경단은 백일부터 9살까지의 생일날에 해주면 액을 면할 수 있다는 풍속이 있음 • 종류 : 꿀물경단, 각색경단, 수수경단 등

제조기기의 종류 및 용도

롤밀	• 두 개 또는 그 이상의 틀이 서로 반대 방향으로 회전하면서 틀 사이로 원료가 들어가 롤에 의한 찰리작용에 의해 원료의 입자가 작아지는 장치 • 불린 쌀을 가루로 분쇄하는 기계
제병기	• 다양한 모양틀을 용도에 맞게 꽂은 후 찐 떡 반죽을 넣어 가래떡, 절편, 떡볶이떡 등을 만듦
펀칭기	• 인절미, 바람떡, 송편반죽, 꿀떡 등을 반죽할 때 사용 • 찐 떡을 치대거나 반죽을 하여 찰기가 생기게 함
기타	• 증편기세척기, 설기체(쌀가루 분리기), 증편기 등

전통도구의 종류 및 용도

1 곡물 도정 및 분쇄 도구

맷돌	• 곡물을 가는 데 쓰는 도구 • 중앙에 곡식을 넣는 구멍이 있고 손으로 잡고 돌리는 어처구니(맷손)가 있음
조리	• 곡류를 일어 돌 등의 불순물을 골라내는 도구
방아	• 곡물을 넣어 찧거나 빻아 곱게 가는 도구
절구 및 절굿공이★	• 떡가루를 만들거나 떡을 칠 때 쓰는 도구
키	• 곡물을 까불러 겨, 티끌 등의 불순물을 걸러내는 도구

2 익히는 도구

번철★	• 지지는 떡(화전, 부꾸미)을 만들 때나 거피팥을 볶을 때 사용
시루★	• 떡을 찔 때 사용하는 도구 • 김이 통하도록 바닥에 구멍이 여러 개 나 있음 • 시루를 솥에 안칠 때 그 틈에서 김이 새지 않도록 바르는 반죽을 시루번이라고 함

3 떡 성형과 모양내기 도구

안반★	• 흰떡이나 인절미 등을 치는 데 쓰이는 받침
떡메★	• 떡을 치는 공이
떡살	• 떡에 문양을 찍는 도구

4 기타

체	• 곡물가루를 내릴 때 사용하는 도구
이남박	• 나무바가지 모양으로 안에 요철이 있어 곡식을 씻을 때나 이물질을 분리할 때 사용

아는 문제(○), 헷갈리는 문제(△), 모르는 문제(x) 표시해 복습에 활용하세요.

1
서여향병(薯蕷香餠)의 주재료로 옳은 것은?

① 밤　　　　　② 마
③ 고구마　　　④ 단호박

2
찌는 떡의 종류로 틀린 것은?

① 증편　　　　② 설기
③ 켜떡　　　　④ 인절미

3
설기떡이 아닌 것은?

① 석이병　　　② 잡과병
③ 신과병　　　④ 상추떡

4
삶는 떡의 표기로 옳은 것은?

① 증병　　　　② 도병
③ 유전병　　　④ 단자병

5
다음 중 웃기떡으로 틀린 것은?

① 주악
② 화전
③ 빙자떡
④ 부꾸미

---

1 서여향병이란 마를 쪄서 꿀에 재웠다가 찹쌀가루를 묻혀서 기름에 지진 후 잣가루를 입힌 떡이다.

2 인절미는 치는 떡(도병)에 속한다.

3 설기떡(무리떡, 무리병)
　• 색깔에 따른 분류 : 백설기, 무지개떡 등
　• 부재료에 따른 분류 : 콩설기, 팥설기, 모듬설기, 호박설기, 쑥설기, 잡과병, 석이병 등
　신과병은 햇과일을 섞어 만든 켜떡이다.

4 • 찌는 떡 – 증병
　• 치는 떡 – 도병
　• 지지는 떡 – 유전병(유병)
　• 삶는 떡 – 단자병

5 웃기떡
　• 그릇에 떡을 담거나 괸 후 그 위에 모양을 내려고 얹어 장식하는 떡
　• 화전, 주악, 부꾸미 등을 이용

정답

| 1 ② | 2 ④ | 3 ③ | 4 ④ | 5 ③ |

6

치는 떡으로 옳은 것은?

① 인절미　　　　　　　② 송편

③ 찰시루떡　　　　　　④ 노티떡

◉ ▲ X

6 ② 송편 : 빚어 찌는 떡
③ 찰시루떡 : 켜떡(찌는 떡)
④ 노티떡 : 지지는 떡

7

떡의 명칭과 종류가 옳게 연결된 것은?

① 도병 – 오메기떡　　　② 증병 – 빙떡

③ 증병 – 경단　　　　　④ 유병 – 곤떡

◉ ▲ X

7 • 오메기떡, 경단 : 삶는 떡
• 빙떡 : 유병(지지는 떡)

8

모양을 만들어 찌는 떡으로 옳은 것은?

① 백설기, 잡과병　　　② 혼돈병, 두텁떡

③ 화전, 약식　　　　　④ 증편, 경단

◉ ▲ X

8 • 혼돈병 : 쌀가루에 승검초를 넣고 황률소를 얹어 모양을 만들어 찌는 떡
• 두텁떡 : 거피팥 고물과 소를 만들어 찜기에 고물을 뿌리고 그 위에 찹쌀가루 – 팥소 – 찹쌀가루를 넣고 고물을 덮어 찌는 떡

9

켜떡이 아닌 것은?

① 콩찰편　　　　　　　② 팥시루떡

③ 무리병　　　　　　　④ 신과병

◉ ▲ X

9 무리병은 설기떡을 의미한다.

10

멥쌀가루에 햇과일을 섞어 녹두고물을 올려 찐 떡은?

① 신과병　　　　　　　② 느티떡

③ 꼬장떡　　　　　　　④ 개피떡

◉ ▲ X

10 과일을 섞어 찐 떡을 신과병이라 한다.

11

두텁떡을 만들 때 사용하지 않는 조리도구는?

① 체　　　　　　　　　② 시루

③ 떡메　　　　　　　　④ 번철

◉ ▲ X

11 떡메는 떡을 내려치는 도구로 인절미 등을 만들 때 사용한다.

12

어레미에 대한 설명으로 옳은 것은?

① 도드미보다 고운체이다.

② 고운 가루를 내릴 때 사용한다.

③ 콩과 껍질을 분리하는 데 사용한다.

④ 말총 등으로 만들어 술 등을 거를 때 사용한다.

12 어레미는 도드미보다 굵은 체로 콩과 껍질을 분리할 때 주로 사용하며 팥고물을 내릴 때 사용한다. 지방에 따라 얼맹이, 얼레미 등으로 불린다.
고운체는 말총이나 나일론으로 올을 곱게 짜서 술 등을 거를 때 사용한다.
깁체는 명주실로 짜며 고운가루를 내릴 때 사용한다.

13

떡을 만들 때 사용하는 도구에 대한 설명으로 틀린 것은?

① 떡살 : 떡에 문양을 찍을 때 사용하는 도구

② 맷돌 : 곡식을 빻거나 찧는 데 사용하는 도구

③ 번철 : 기름에 지지는 떡을 만들 때 사용하는 철판

④ 안반 : 인절미나 흰떡을 칠 때 쓰는 나무판

13 • 맷돌 : 콩, 팥, 녹두 등을 넣어 쪼개서 껍질을 벗기거나 가루로 만들 때, 물에 불린 곡류 등을 갈 때 사용하는 도구
• 절구 : 곡식을 빻거나 찧는 데 사용하는 도구

14

쌀을 곱게 가루로 만들거나 찐 떡을 치댈 때 사용하는 도구는?

① 절구   ② 맷돌

③ 안반   ④ 시루

14 나무나 돌의 속을 파낸 구멍에 곡식을 넣고 절굿공이로 찧어 가루로 만든다.

15

흰떡이나 인절미 등을 칠 때 사용하는 도구로 옳은 것은?

① 안반, 떡살   ② 이남박, 시루

③ 안반, 떡메   ④ 절구, 맷돌

15 • 안반 : 떡을 칠 때 사용하는 넓고 긴 나무판
• 떡메 : 떡을 내려치는 도구

16

원하는 모양 틀을 꽂은 후 시루에서 찐 떡 반죽을 넣어 각종 떡을 뽑아낼 수 있는 기구의 명칭은?

① 제병기

② 증편기

③ 절단기

④ 성형기

16 각종 모양 틀을 제병기에 꽂아 원하는 떡을 뽑아낼 수 있다.

6 ①	7 ④	8 ②	9 ③	10 ①
11 ③	12 ③	13 ②	14 ①	15 ③
16 ①				

《팥소절편》

Part 2
떡류 만들기

재료준비

1 재료관리

1 계량도구

저울	• 무게를 측정하는 기구로, g, kg으로 나타냄 • 저울을 사용할 때는 평평한 곳에 수평으로 놓고 지시침이 숫자 '0'에 놓여 있어야 함
계량컵	• 부피를 측정하는 데 사용 • 미국 등 외국 1컵 240ml, 우리나라 1컵 200ml
계량스푼	• 양념 등의 부피를 측정하는 데 사용 • 큰술(15cc), 작은술(5cc)로 구분

2 계량방법

가루 식품★	• 부피보다는 무게를 계량하는 것이 정확 • 덩어리가 없는 상태에서 누르지 말고 수북하게 담아 평평한 것으로 고르게 밀어 표면이 평면이 되도록 깎아서 계량 • 쌀가루, 밀가루, 설탕 등
액체식품	• 액체 계량컵이나 계량스푼에 가득 채워서 계량하거나 평평한 곳에 놓고 눈높이에서 보아 눈금과 액체의 표면 아랫부분을 눈과 같은 높이에 맞추어 읽음 • 기름, 물 등
고체식품	• 계량컵이나 계량스푼에 빈 공간이 없도록 가득 채워서 표면을 평면이 되도록 깎아서 계량 • 흑설탕 등
알갱이 상태의 식품	• 계량컵이나 계량스푼에 가득 담아 살짝 흔들어서 공간을 메운 뒤 표면을 평면이 되도록 깎아서 계량 • 쌀, 팥, 통후추, 깨 등
농도가 큰 식품	• 계량컵이나 계량스푼에 꾹꾹 눌러 담아 평평한 것으로 고르게 밀어 표면이 평면이 되도록 깎아서 계량 • 양금, 고추장, 된장 등

③ 계량단위

① 1컵 = 1Cup = 1C = 약 13큰술+1작은술 = 물 200ml = 물 200g(미국 240ml)

② 1큰술 = 1Table spoon = 1Ts = 3작은술 = 물 15ml = 물 15g

③ 1작은술 = 1tea spoon = 1ts = 물 5ml = 물 5g

④ 1홉 = 160g

⑤ 1되 = 10홉 = 1.6kg

⑥ 1말 = 10되 = 16kg

⑦ 1온스(ounce, oz) = 30cc = 28.35g

⑧ 1파운드(pound, 1b) = 453.6g = 16온스

⑨ 1쿼터(quart) = 960ml = 32온스

재료의 전처리★

콩	• 물에 2~3번 헹궈 2시간 이상 물에 불려 15분 정도 삶아 사용
거피팥, 거피녹두	• 물에 씻어 6시간 이상 물에 불리고 손으로 비벼 껍질을 제거하고 찜통에 쪄서 사용
팥	• 깨끗하게 씻어 처음 팥 삶은 물을 버리고, 다시 물을 받아 완전히 삶아 사용
대추	• 마른행주나 꼭 짠 젖은 면보를 이용하여 닦고 돌려 깎아서 씨를 제거하고 사용 • 채를 썰거나 토막을 내서 사용
호박고지★	• 물에 가볍게 씻고 미지근한 물에 10분 정도 불린 후 물기를 짜고 원하는 크기로 썰어 사용
잣	• 고깔을 제거하여 사용 • 비늘잣을 만들거나, 한지나 종이 위에 올려놓고 칼날로 곱게 다져 사용
치자★	• 가볍게 씻어 치자 1개에 물 1/2컵 정도를 넣어 30분 물에 불려서 사용
석이	• 미지근한 물에 불려 이끼와 뿌리에 돌을 제거하고 사용
쑥★	• 줄기부분은 제거하고 끓는 물에 소금을 넣어 데치고 찬물에 헹궈 물기를 제거 후 사용 • 쑥설기나 쑥버무리를 할 때는 데치지 않음
오미자	• 찬물에 우려서 사용

아는 문제(○), 헷갈리는 문제(△), 모르는 문제(x) 표시해 복습에 활용하세요.

1

재료 계량 방법으로 틀린 것은?

① 밀가루는 체에 친 후 계량컵에 수북하게 담아 스파튤라로 평평하게 깎아 계량한다.

② 흑설탕은 덩어리진 것을 부수어서 계량컵에 수북하게 담아 표면을 스파튤라로 깎아 계량한다.

③ 고체 지방은 실온에서 약간 부드럽게 한 후 계량 기구에 공간 없이 담아 위를 평평하게 한 후 계량한다.

④ 액체 식품은 투명한 기구를 사용하여 액체 표면 아랫부분을 눈과 수평으로 읽는다.

1
- 흑설탕은 당밀이 남아있어 끈적거려 달라붙기 때문에 계량 기구에 꾹꾹 눌러 담아 수평으로 깎아서 계량한 후 엎었을 때 모양이 나타나도록 계량한다.
- 백설탕은 덩어리진 것을 부수어서 계량컵에 수북하게 담아 표면을 스파튤라로 깎아 계량한다.

2

재료 계량 방법으로 틀린 것은?

① 전자저울은 사용 전 수평을 맞추고 0을 맞춘 뒤 사용한다.

② 가루 재료들은 계량컵에 눌러 담아 윗면을 스파튤라로 깎아 계량한다.

③ 액체 재료들은 부피를 측정하기 위해 투명한 재질의 계량컵을 사용하는 것이 좋다.

④ 가루 재료들은 계량 직전에 체질을 하여 계량한다.

2 가루 상태의 재료들은 체를 친 후 누르지 않고 계량컵에 담은 후 윗면을 깎아 계량한다.

3

재료의 전처리 방법으로 옳은 것은?

① 서리태 – 물에 2~3번 헹군 후 바로 끓는 물에 15분 정도 삶는다.

② 치자 – 가볍게 씻은 후 치자 1개에 물 1/2컵 정도를 넣어 사용한다.

③ 팥 – 물에 2시간 정도 불린 후 물에 30분 정도 삶는다.

④ 거피팥 – 물에 2시간 정도 불린 후 삶아 껍질째 사용한다.

3 거피팥, 거피녹두는 물에 충분히(6시간 이상) 불려 사용하며, 여러 번 헹궈 남아있는 껍질을 모두 제거하고 찜통에 쪄서 사용한다.

4

쑥의 전처리 방법으로 틀린 것은?

① 줄기 부분을 제거한 뒤 끓는 물에 데친다.

② 데친 쑥을 물과 함께 넣어 냉동보관하면 오래 보관이 가능하다.

③ 소분해서 냉동보관한 뒤 필요시 꺼내 사용한다.

④ 쑥설기를 할 때는 데치지 않고 사용한다.

5

다음의 전처리 방법으로 알맞은 재료는?

> 깨끗하게 씻어 처음 삶은 물을 버리고, 두 번째 물부터 30분 정도 삶는다.

① 팥   ② 콩

③ 호박고지   ④ 거피팥

6

떡에 사용하는 재료의 전처리에 대한 설명으로 틀린 것은?

① 쑥은 잎만 데쳐서 쓸 만큼 싸서 냉동한다.

② 호박고지는 물에 불려 물기를 꼭 짜서 사용한다.

③ 오미자는 따뜻한 물에 우려 각종 색을 낼 때 사용한다.

④ 대추고는 물을 넉넉히 넣고 푹 삶아 체에 내려 과육만 거른다.

---

4 쑥은 물에 데친 후 찬물에 헹궈 물기를 꼭 짠 뒤 소분하여 냉동보관한다. 쑥설기나 쑥버무리를 할 때는 데치지 않고 사용한다.

5 팥의 사포닌 성분으로 인하여 거품이 생기므로 처음 삶은 물을 버리고 두 번째 물부터 30분 정도 삶는 것이 좋다.

6 오미자는 찬물에 우린다.

1 ②	2 ②	3 ②	4 ②	5 ①
6 ③				

고물 만들기

1 고물의 중요성

① 거의 모든 떡에 반드시 필요한 부재료(백설기나 흰무리처럼 아무것도 섞지 않는 떡 제외)
② 팥시루떡, 콩시루떡, 깨찰떡, 녹두편 등 고물의 종류에 따라 떡의 명칭이 정해질 정도로 매우 중요한 재료
③ 떡에 맛과 영양을 부여하는 기능
④ 경단이나 단자가 서로 붙는 것 방지
⑤ 시루떡의 가루 사이에 층을 형성해 그 틈새로 김이 잘 스며 올라 떡이 잘 익도록 도와주는 기능

2 찌는 고물 제조 과정

1 찌는 고물의 종류

흰팥고물	• 거피팥, 동부 등으로 만든 고물 • 주로 편, 인절미, 경단의 겉고물과 단자, 경단, 송편, 찹쌀떡, 개피떡, 부꾸미 등의 속고물로 사용 • 제사용 편으로 많이 이용
녹두고물	• 불려 김 오른 찜기에 찐 후 어레미에 내려 사용 • 노란색이 고와서 고물로 사용하였을 경우 색이 매우 고운 떡을 만들 수 있어 많이 이용 • 편, 인절미, 경단의 겉고물과 경단, 찹쌀떡, 개피떡의 속고물로 사용 • 팥고물이 상하기 쉬운 여름에 흰팥고물 편 대신 제사용 편으로 많이 이용 • 녹두는 2시간 이상 물에 불리고 껍질을 손으로 비벼 완전히 제거한 후 김 오른 찜통에 푹 무르게 30분 정도 찌고, 찐 녹두에 소금을 넣고 절구로 빻아 굵은 체에 내려 사용
찌는 콩고물	• 주로 여름철에 편 고물로 사용 • 너무 오래 찌면 메주 냄새가 나므로 주의

2 찌는 고물 제조 과정

흰팥고물	세척 → 수침 → 거피 → 물 빼기 → 찌기 → 소금 넣기 → 냉각 → 분쇄 → 체 치기
녹두고물	
찌는 콩고물	콩타기 → 세척(거피) → 찌기 → 소금 넣기 → 냉각 → 분쇄 → 체 치기

3 삶는 고물 제조 과정

1 삶는 고물의 종류

붉은 팥고물★	• 고물 중 유일하게 삶아서 쓰임 • 이긴 팥에 소금을 넣고 절구 방망이로 빻아 사용 • 팥을 불리지 않고 그대로 삶으며, 소다를 넣으면 색이 진해지나 영양소인 비타민 B_1이 파괴 • 삶아서 분쇄 후 켜떡의 고물로 사용 • 체에 거른 후 껍질을 분리하고 탈수하여 졸여서는 개피떡이나 단자에 넣는 속고물로 사용 • 체에 거른 후 껍질을 분리하고 탈수하여 볶아서 앙금가루로 만들어 경단이나 구름떡 고물로 사용 • 겉고물과 경단, 찹쌀떡, 개피떡, 부꾸미 등의 속고물로 사용 • 붉은색이 액막이 효과가 있다고 하여 백일, 돌 등과 이사, 개업 등에 사용

2 삶는 고물의 제조 과정

팥 겉고물	세척 → 2회 삶기 → 물 빼기 → 소금 넣기 → 냉각 → 분쇄 → 볶기 → 냉각 → 체 치기 → 고운 팥고물
팥 속고물	세척 → 2회 삶기 → 물 빼기 → 소금 넣기 → 볶기 → 설탕 넣기 → 볶기 → 냉각
팥앙금	세척 → 2회 삶기 → 여과 → 침전 → 물 제거 → 볶기 → 설탕 넣기 → 볶기

Tip **붉은팥고물을 삶는 이유★**

붉은팥을 찌지 않고 삶는 이유는 팥의 사포닌은 특유의 쌉쌀하고 쓴맛이 나서 기호성을 감소시키기 때문에 1차로 삶아 사포닌 성분을 제거하여 팥을 사용

Tip **붉은팥의 국산 농산물과 수입 농산물의 구별법**

국산	중국산
• 연한 붉은색으로 윤기가 적다. • 낟알의 크기가 고르지 않다. • 낟알의 모양에 약간 각이 있다.	• 검붉은색으로 윤기가 많다. • 낟알의 크기가 고르다. • 낟알의 모양이 둥글다.

볶는 고물 제조 과정

1 볶는 고물류의 종류

콩고물	• 인절미 고물과 켜떡, 송편에 많이 사용 • 지역에 따라 핀 밀에 생강이나 마늘가루를 넣어 혼합하여 사용 • 청태를 볶은 후 곱게 빻아 경단이나 이바지 떡에 사용하는 경우가 있음 • 켜떡이나 송편에 사용하는 볶은 콩고물은 인절미 콩가루보다 굵게 빻아 일정량의 물을 넣어 부드러워지면 켜떡의 고물과 송편 속 고물로 사용
깨고물	• 흰깨와 검은깨 모두 사용 • 검은깨는 흰깨보다 고소한 맛이 적으므로 검은깨 고물은 흰깨를 30~50% 정도 혼합하여 사용 • 편, 인절미, 경단의 겉고물로 주로 사용 • 여름에는 팥고물이 잘 상하므로 대신하여 깨고물을 많이 사용 • 깨의 고급스러움으로 예단 등의 격식이 중요한 떡의 고물로 많이 이용 • 검은 깨는 고물용보다 더 곱게 갈아 꿀을 넣고 반죽하여 다식을 박기도 함

2 볶는 고물 제조 과정

콩고물, 깨고물	세척 → 물 빼기 → 볶기 → 냉각 → 소금 넣기 → 분쇄 → 체 치기

 그 외의 고물

대추채	• 대추는 깨끗이 씻어 물기 제거 후 얇게 돌려 깎아 채를 썰어 살짝 쪄서 사용 • 너무 딱딱한 대추는 물에 씻어 그대로 비닐 백에 넣어 따뜻한 곳에 얼마간 넣어 두면 부드러워짐 • 대추채는 대추 단자, 경단 등의 고물로 사용
밤채	• 수분이 너무 많으면 밤채가 쉽게 부서지므로 만져도 부서지지 않을 만큼 건조시켜 사용 • 밤채와 대추채는 각각 단독으로 사용하기도 하지만 섞어서 많이 사용 • 고물용보다 약간 굵게 채를 썰어 삼색편 등의 고명으로도 많이 사용
잣고물	• 고깔을 떼어내고 마른 면보로 닦은 후 한지에 놓고 칼날로 곱게 다지거나 치즈 그라인더에 갈아 기름을 빼내고 사용 • 한과나 단자의 겉고물로 사용
밤고물	• 밤을 삶아 겉껍질과 속껍질을 벗긴 후 소금을 넣어 빻아 체에 내려 사용

> **Tip** **켜떡의 고물**
> 팥, 깨, 콩, 녹두 등 사용

아는 문제(○), 헷갈리는 문제(△), 모르는 문제(x) 표시해 복습에 활용하세요.

1 ○△X

고물 제조 방법으로 옳은 것은?

① 흑임자고물은 검은깨를 씻어 분쇄기에 간 뒤 번철에 고슬고슬하게 볶는다.

② 거피팥고물은 끓는 물에 무르게 삶아 어레미에 내려 사용한다.

③ 노란콩고물은 노란콩을 씻어 볶아 식힌 후 분쇄기에 갈아 고운체에 내려 사용한다.

④ 팥고물은 팥을 씻어 불린 후 물에 15분 정도 삶은 후 절구에 찧어 만든다.

1
· 흰깨(또는 흑임자)고물은 깨를 씻어 볶아 식힌 후 갈아 고운체에 내린다.
· 거피팥고물은 거피팥을 6시간 이상 불려 찜기에 무르게 찐 후 어레미에 내린다.
· 팥고물은 팥을 씻은 후 물을 부어 끓으면 첫 물은 버리고 다시 물을 부어 팥이 무를 때까지 삶는다.

2 ○△X

붉은팥고물 제조 방법으로 틀린 것은?

① 팥을 삶을 때 첫 물을 버리는 것은 거품이 생기게 하는 물질인 사포닌을 제거하기 위해서다.

② 팥에 소다를 넣으면 영양소를 보존할 수 있다.

③ 거의 삶아지면 물을 따라내고 약한 불에 뜸을 들인다.

④ 고물 중 유일하게 삶아서 사용한다.

2 팥에 소다를 넣으면 빨리 익힐 수는 있지만 비타민 B_1이 파괴된다.

3 ○△X

녹두고물 제조 방법으로 틀린 것은?

① 녹두는 2시간 이상 물에 불리고 손으로 비벼 껍질을 완전히 제거한다.

② 녹두는 끓는 물에 푹 무르게 30분 정도 삶는다.

③ 찐 녹두에 소금을 넣어 절구로 빻는다.

④ 굵은체에 내려 사용한다.

3 녹두는 2시간 이상 물에 불리고 껍질을 손으로 비벼 완전히 제거한 후, 김 오른 찜통에 푹 무르게 30분 정도 찐다. 찐 녹두에 소금을 넣고 절구로 빻아 굵은 체에 내려 사용한다.

정답

1 ③	2 ②	3 ②		

4

깨고물 제조 방법으로 틀린 것은?

① 깨는 씻어서 불린다.

② 이물질을 제거 후 물을 뺀다.

③ 물을 뺀 참깨는 곱게 갈아준다.

④ 갈은 참깨에 소금, 설탕을 넣고 섞어준다.

○ ▲ ✕

4 깨고물을 만들 때 깨는 번철에 볶아 식힌 후 곱게 갈아준다.

5

켜떡의 고물로 주로 사용하는 재료로 틀린 것은?

① 쑥   ② 팥

③ 깨   ④ 녹두

○ ▲ ✕

5 켜떡의 고물로는 팥, 깨, 콩, 녹두 등이 사용된다.

6

고물 만드는 방법으로 틀린 것은?

① 거피팥고물은 각종 편, 단자, 송편의 소 등으로 쓰인다.

② 녹두고물은 푸른 녹두를 맷돌에 타서 불려 삶아 사용한다.

③ 붉은팥고물은 이긴 팥에 소금을 넣고 절구 방망이로 빻아 사용한다.

④ 밤고물은 밤을 삶아 겉껍질과 속껍질을 벗긴 후 소금을 넣어 빻아 체에 내려 사용한다.

6 녹두고물 : 불려 김 오른 찜기에 찐 후 얼레미에 내려 사용한다.

4 ③	5 ①	6 ②		

떡류 만들기

1 찌는 떡류(설기떡류, 켜떡 등) 제조 과정

1 설기떡류

(1) 설기떡의 특징

① 멥쌀가루만을 찌거나 멥쌀가루에 부재료를 혼합하여 찌는 떡으로 찌는 떡의 대표적·기본적 떡

② 종류 : 백설기, 콩설기, 팥설기, 마구설기(모듬설기), 호박설기, 쑥설기, 녹차설기 등

(2) 설기떡 기본 제조 과정

> 쌀 씻기 → 불리기 → 소금 넣기 → 1차 빻기 → 물 주기 → 부재료 넣기 → 혼합 → 2차 빻기 → 체 치기 → 부재료 넣기 → 모양 만들기 → 찌기 → 식히기 → 포장 → 검수

(3) 설기떡류에 따른 제조 과정

백설기	쌀 씻기 → 불리기 → 물 빼기 → 빻기 → 소금 넣기 → 물 주기 → 체에 내리기 → 설탕 넣기 → 찌기
콩설기	쌀 씻기 → 불리기 → 물 빼기 → 빻기 → 소금 넣기 → 콩 불리기 → 익히기 → 물 주기 → 체에 내리기 → 설탕 넣기 → 바닥에 콩 1/2 깔기 → 나머지 콩과 쌀가루 섞기 → 찌기
무지개 떡★	쌀 씻기 → 불리기 → 물 빼기 → 빻기 → 소금 넣기 → 등분하기 → 각각의 색을 내서 물 주기 → 체에 내리기 → 설탕 넣기 → 각각의 색 순서대로 수평으로 안친 후 찌기

Tip **설기떡 만들 때 주의사항★**
- 찌기 직전에 설탕을 섞어야 떡이 질어지지 않음
- 찌고 나서 반드시 뜸들이기를 해야 함
- 쌀가루를 안칠 때 꾹꾹 눌러 담으면 공기층이 잘 형성되지 않아 떡이 질겨질 수 있음
- 불의 세기를 너무 강하게 찌면 떡에 금이 가거나 부서질 수 있음
- 쌀가루를 안친 뒤 칼금을 깊이 넣어주면 찌고 난 뒤 떡이 잘 잘라짐

Tip **설기떡이 익지 않는 이유**
- 떡을 충분히 찌지 않은 경우
- 찜통의 옆면이 말라 떡의 수분을 빼앗길 경우
- 쌀가루에 물을 적게 넣어서 익지 않은 경우
- 찜기 밖으로 불꽃이 나가도록 센 불에 찐 경우

2 켜떡

(1) 켜떡의 특징

① 쌀가루를 시루(또는 찜틀)에 안쳐 솥(찜기) 위에 얹고 증기로 쪄내는 '시루떡'의 한 종류

② 시루떡은 일정한 두께의 쌀가루 사이사이에 고물을 넣어 켜를 만들어 찌는 것이 특징인 떡

③ 켜를 만들기 위해 사용하는 고물은 팥·녹두·깨 등 떡의 맛과 멋, 그리고 영양의 균형을 유지할 수 있는 여러 가지 재료를 사용

(2) 켜떡의 종류

원재료에 따른 분류	• 메시루떡 : 멥쌀 100% • 반찰시루떡 : 찹쌀 50% + 멥쌀 50% • 찰시루떡 : 찹쌀 100%
고물에 의한 분류	• 팥시루떡 • 녹두시루떡 • 거피팥시루떡 • 동부시루떡 • 콩시루떡 • 깨시루떡
고명에 의한 분류	• 야채 : 쑥편, 느티떡, 무시루떡, 상추시루떡 • 과일즙 : 도행병 • 과일 : 잡과병, 신과병, 물호박떡, 무떡 • 깨 : 석이병

(3) 켜떡의 기본 제조 과정

쌀 씻기 → 쌀 불리기 → 건지기 → 소금 첨가 → 1차 분쇄 → 물 혼합 → 2차 분쇄 → 체 치기 → 설탕 첨가 → 시루에 고물 뿌리기 → 쌀가루 안치기 → 찌기

(4) 켜떡 종류에 따른 제조 과정

찰시루떡	쌀 씻기 → 쌀 불리기 → 건지기 → 소금 첨가 → 1차 분쇄 → 체 치기 → 설탕 첨가 → 시루에 고물 뿌리기 → 쌀가루 안치기 → 찌기
반찰시루떡, 메시루떡	쌀 씻기 → 쌀 불리기 → 건지기 → 소금 첨가 → 1차 분쇄 → 물 혼합 → 2차 분쇄 → 체 치기 → 설탕 첨가 → 시루에 고물 뿌리기 → 쌀가루 안치기 → 찌기

2 치는 떡류(인절미, 가래떡 등) 제조 과정

1 인절미

(1) 인절미의 특징

① 찹쌀로 지에밥을 쪄서 이를 안반에 놓고 떡메로 친 뒤에 적당한 크기로 썰어 고물을 묻힌 떡

② 인병, 은절병, 절병 등이라고도 함

③ 성질이 차지기 때문에 잡아당겨 끊어야 하는 떡이라는 의미에서 생긴 이름

(2) 인절미의 분류

주재료에 따른 분류	• 현미 인절미, 흑미 인절미, 차조 인절미, 청정미 인절미 등 • 전통적인 제조 방법은 밥알 그대로 쪄서 안반이나 절구에 매우 쳐서 만드는 방법 • 현대의 인절미 제조 방법은 찹쌀을 가루내어 쪄서 치는 방법
부재료에 따른 분류	• 영양소나 색, 맛 등 기능성을 좋게 하기 위해 쑥, 수리취, 백년초, 대추 등을 첨가 • 쑥 인절미, 수리취 인절미 등
고물의 종류에 따른 분류	• 인절미 고물은 다양한 재료로 사용되는데 콩가루, 깻가루, 팥고물(녹두, 거피팥, 붉은팥, 동부), 카스테라 고물 등 다양하게 쓰임
소를 넣었는지 여부에 따른 분류	• 오메기떡 : 찹쌀가루를 익혀 펀칭한 후 인절미피에 팥소나 녹두소 등을 넣어 만듦 • 배피떡, 오쟁이떡, 찹쌀떡 등

(3) 인절미의 제조 과정★

쌀 씻기 → 불리기 → 물 빼기 → 빻기 → 시루 안치기 → 찌기 → 뜸들이기 → 펀칭기로 치기 → 성형 → 고물

2 가래떡류

(1) 가래떡류의 특징

가래떡은 '흰떡'이라고 불림

(2) 가래떡류의 종류★

가래떡	• 압출 성형기에 원형 노즐을 부착하여 압출할 때 원형 막대기 모양으로 성형되고, 이를 적당한 길이로 절단한 제품
떡국떡	• 압출 성형기에서 뽑은 가래떡을 냉각하여 경화시킨 후에 얇은 두께로 경사지게 절단한 떡 • 주로 떡국을 만드는 용도로 사용하는 떡
절편	• 압출식 성형기에 직사각형의 노즐을 부착하여 판형으로 길게 뽑아지는 떡을 회전 칼날을 이용하여 일정한 길이로 절단하여 만든 떡 • 절출한 후에 전통 문양을 새겨 넣은 두 개의 롤러 사이를 통과시켜 아름다운 표면을 형성

조랭이 떡	• 가래떡류 성형기 말단에 땅콩 모양의 무늬를 조각한 2개의 롤러 사이를 통과시켜 땅콩 모양으로 빚은 떡
치즈 떡볶이떡	• 찌기 공정이 끝난 떡을 특수한 압출기를 통과시켜 튜브 형태로 성형하는 동시에 역시 특수하게 설계된 포앙기를 통과시키면서 치즈류, 단팥 앙금류 등 기호성이 좋은 부재료를 충전시킨 제품

(3) 가래떡류의 제조 과정

> 쌀가루[멥쌀 → 쌀 씻기 → 쌀 불리기 → 1차 빻기 → 혼합 → 2차 빻기] → 찌기 → 성형 → 냉각 → 절단 → 냉장건조 → 주정처리 → 계량 → 포장 → 보관

3 빚는 떡류(찌는 떡, 삶는 떡) 제조 과정

1 빚어 찌는 떡

(1) 송편의 분류

오려송편	• 추석에 절식으로 만들어 먹는 송편
노비송편	• 농사일이 시작되는 음력 2월 초하룻날(노비일)에 노비에게 나이 수대로 큼직하게 만들어 먹이는 송편
오색잔치 송편	• 아이가 태어나 통과의례로 치르는 백일, 돌잔치에 먹는 송편 • 다섯 가지 색이 오행, 오덕, 오미와 마찬가지로 만물의 조화를 뜻하며 송편 안에 들어있는 속처럼 속이 꽉 차거나 속이 빈 송편과 같이 넓은 뜻을 가지라는 축원의 의미를 동시에 지님

(2) 송편의 제조 과정

> 계량 → 쌀 씻기 → 불리기 → 물 빼기 → 계량 → 1차 빻기 → 발색제 및 물 혼합 → 2차 빻기 → 익반죽하기 → 빚기 → 찌기 → 냉각 → 속포장 → 검수 → 겉포장

2 빚어 삶는 떡

(1) 경단류의 특징

① 동글동글한 모양이 구슬과 같다고 하여 경단이라고 함

② 찹쌀가루나 수수가루 등을 더운 물로 익반죽하여 둥글게 빚어서 끓는 물에 삶아 내어 콩고물이나 깨고물을 묻힌 떡

③ 종류 : 깨굴리, 콩굴리, 찰경단, 차수수경단, 각색경단, 오색경단 등

(2) 경단류 제조 과정

> 계량 → 쌀 씻기 → 불리기 → 물 빼기 → 계량 → 1차 빻기 → 2차 빻기 → 소 넣기 → 반죽하여 모양 빚기 → 삶기 → 냉각 → 고물 묻히기 → 속포장 → 검수 → 겉포장

4 지지는 떡류 제조 과정

꽃전 (화전)	익반죽 → 빚기 → 부재료 붙여 지지기 → 꿀(시럽) 묻히기
주악	익반죽 → 소 만들기 → 빚기 → 지지기 → 꿀(시럽) 묻히기
부꾸미	익반죽 → 빚기 → 소 넣어 지지기 → 부재료 장식 및 꿀(시럽) 묻히기
산승	익반죽 → 성형 → 지지기 → 잣가루나 계피가루 묻히기

> **Tip** **익반죽**
> 뜨거운 물로 반죽

5 기타 떡류(약밥, 증편 등)의 제조 과정

1 약밥(약식)★

(1) 약밥의 특징

① 정월대보름에 먹는 대표적인 음식

② 무병장수와 풍요를 기원하는 마음을 담고 있음

③ 찹쌀에 대추, 밤, 잣, 호두 같은 귀한 견과류를 넣고 꿀과 간장을 버무려 쪄 냄

④ 찹쌀을 1차로 찐 후 부재료와 양념을 넣고 2차로 찜(찌기 2번)

(2) 약밥의 제조 과정

> 계량 → 찹쌀 씻기 → 불리기 → 물 빼기 → 계량 → 찹쌀 찌기 → 부재료 및 기타 재료 혼합 → 상온보존 → 찌기 →
> 모양 만들기 → 냉각 → 속포장 → 검수 → 겉포장

> **Tip** **약식의 양념(캐러멜 소스) 제조★**
> • 설탕과 물을 넣고 끓임
> • 끓일 때 젓지 않음
> • 설탕이 갈색으로 변하면 불을 끄고 물엿을 혼합
> • 170~190℃에서 갈색으로 변함

> **Tip** **<사금갑조> 약식의 유래**
> 신라 소지왕 때 까마귀 한 마리가 '백발노인이 금갑을 향해 활을 쏘아라' 하여 활을 쏘니 왕을 해치려 숨어든 승려가 화살에 맞아 죽었다는
> 일화를 통해 소지왕이 까마귀에 대한 감사의 마음으로 매년 까만 밥을 지어 먹었다는 풍습이 전해져 약밥이 됨

> **Tip** **약밥의 약(藥)자의 의미★**
> • 몸에 이로운 음식이라는 개념
> • 꿀과 참기름 등을 많이 넣은 음식
> • 꿀을 넣은 과자와 밥은 각각 약과(藥果)와 약식(藥食)

2 증편

(1) 증편의 특징★

① 발효 과정을 거치는 떡

② 발효에 의해 pH 4~5 정도로 잡균이 성장하기 어려워 저장성이 우수한 우리나라의 대표적인 여름 떡

③ 막걸리를 이용하여 발효시킨 후 쪄 낸 떡

④ 발효 과정 중 생성된 젖산, 초산 등의 유기산에 의해 신맛과 단맛이 남

⑤ 다른 종류의 떡과는 달리 해면상의 다공성 조직을 형성하여 독특한 점탄성의 식감이 있음

⑥ 부드러운 질감에 의해 소화가 잘되므로 어린이와 노인 및 환자식으로 활용

(2) 증편의 제조 과정

계량 → 쌀 씻기 → 불리기 → 물 빼기 → 소금 넣기 → 빻기 → 부재료 혼합 → 1차 발효 → 2차 발효 → 팬닝 → 고명 올리기 → 3차 발효 → 찌기 → 냉각 → 식용유 바르기 → 속포장 → 검수 → 겉포장

아는 문제(○), 헷갈리는 문제(△), 모르는 문제(x) 표시해 복습에 활용하세요.

1

설기떡 제조 방법으로 틀린 것은?

① 멥쌀을 충분히 불린 후 소금을 넣어 2번 빻는다.

② 멥쌀가루에 물과 설탕을 넣고 잘 섞은 후 중간체에 내린다.

③ 찜기에 시루밑을 깔고 체에 내린 쌀가루를 고루 안친다.

④ 쌀가루를 안친 뒤 칼금을 깊이 넣어주면 찌고 난 뒤 떡이 잘 잘라진다.

2

콩설기 제조 방법으로 틀린 것은?

① 멥쌀을 충분히 불린 후 소금을 넣어 빻는다.

② 서리태는 12시간 이상 불린 후 삶아 설탕에 버무려 사용한다.

③ 멥쌀가루에 물을 넣고 체에 내린 후 설탕과 콩을 섞어준다.

④ 김이 오른 찜기에 15~20분 정도 찌고 5분간 뜸을 들인다.

3

설기떡의 옆면이 익지 않은 이유로 틀린 것은?

① 충분히 찌지 않았다.

② 찜통의 옆면이 말라 있었다.

③ 쌀가루에 물의 양이 적었다.

④ 설탕을 넣지 않았다.

4

송편 제조 방법으로 틀린 것은?

① 멥쌀가루에 소금과 찬물을 넣어 반죽한다.

② 송편의 소를 넣고 꽉 쥐어 안의 공기를 빼준다.

③ 쪄 낸 송편은 재빨리 찬물에 헹구어 준다.

④ 찐 송편에 참기름을 바르면 서로 달라 붙지 않는다.

---

1 물과 설탕을 같이 넣으면 설탕이 녹아 쌀가루가 덩어리져서 체에 잘 내려가지 않는다. 설탕은 시루에 찌기 직전에 섞어주는 것이 좋다.

2 콩설기의 서리태는 달지 않아야 하므로 설탕 간을 하지 않고 사용한다.

3 옆면이 익지 않는 것과 설탕과는 관련이 없다.

4 송편은 멥쌀가루를 익반죽하여 사용한다.

정답

1 ②	2 ②	3 ④	4 ①	

5

약밥의 재료로 틀린 것은?

① 찹쌀
② 간장
③ 밤
④ 팥

● ▲ X

5 약밥은 찹쌀에 대추, 밤 등을 넣고 간장, 꿀, 황설탕, 참기름 등으로 버무려 찐 것이다.

6

약밥의 양념(캐러멜소스) 제조 방법으로 옳은 것은?

① 설탕과 물을 넣어 같이 끓인다.
② 끓어오르면 재빨리 저어준다.
③ 설탕과 물, 물엿을 함께 넣고 끓인다.
④ 황설탕에 식용유를 넣고 끓여서 만든다.

● ▲ X

6 약밥의 양념인 캐러멜소스는 냄비에 설탕과 물을 넣고 끓인 후 전체적으로 갈색이 되면 불을 끄고 물엿을 넣어 섞어준다. 처음부터 저어주게 되면 결정이 생성된다.

7

약밥의 제조 방법으로 틀린 것은?

① 간장과 양념이 얼룩지지 않도록 골고루 버무린다.
② 불린 찹쌀에 부재료와 간장, 설탕 등을 한 번에 넣고 찐다.
③ 찹쌀을 불려 1차에 충분히 쪄내야 간과 색이 잘 배어든다.
④ 1차로 찐 밥에 재료와 양념을 넣고 2차로 찐다.

● ▲ X

7 불린 찹쌀을 1차로 충분히 쪄낸 뒤, 2차로 부재료를 넣고 쪄낸다.

8

전통음식에서 약(藥)자가 들어가는 음식의 의미로 틀린 것은?

① 몸에 이로운 음식이라는 개념을 갖고 있다.
② 한약재를 넣어 몸에 이롭게 만든 음식만을 의미한다.
③ 꿀과 참기름 등을 많이 넣는 음식에 약(藥)자가 붙었다.
④ 꿀을 넣은 과자와 밥을 각각 약과와 약식이라고 하였다.

● ▲ X

8 약(藥)자는 한약재와는 관련이 없다.

9

인절미 제조 방법으로 틀린 것은?

① 찹쌀가루에 물, 설탕을 골고루 섞는다.
② 찜기에 면보를 깔고 설탕을 뿌려준다.
③ 쌀가루를 눌러 담아 40분 정도 찌고 5분 뜸을 들인다.
④ 먹기 좋은 크기로 자른 후 콩고물을 묻힌다.

● ▲ X

9 찹쌀가루는 점성이 강하기 때문에 찜기에 안칠 때 증기가 잘 올라오도록 덩어리를 만들어 안쳐야 한다. 시간은 25~30분 정도 찐 후 5분간 뜸을 들인다.

10
가래떡의 제조 순서로 옳은 것은?

① 쌀가루 만들기 – 익반죽하기 – 압출 성형하기 – 찌기
② 쌀가루 만들기 – 찌기 – 압출 성형하기 – 절단하기
③ 쌀가루 만들기 – 반죽하기 – 압출 성형하기 – 찌기
④ 쌀가루 만들기 – 찌기 – 압출 성형하기 – 고물 묻히기

● ▲ X

10 가래떡은 멥쌀가루를 김 오른 찜기에 쪄낸 뒤 절구나 안반에 놓고 차지게 쳐 둥글고 길게 늘려 만든 떡이다.

11
쇠머리떡을 제조할 때 들어가는 재료로 틀린 것은?

① 설탕　　　　　　　② 밤
③ 멥쌀가루　　　　　④ 대추

● ▲ X

11 쇠머리떡은 찹쌀가루에 밤, 대추, 호박고지, 서리태와 설탕을 넣고 찜기에 쪄낸 뒤 모양을 잡은 떡이다.

12
떡의 종류가 옳게 연결된 것은?

① 치는 떡 – 백설기　　② 삶는 떡 – 단자
③ 지지는 떡 – 부꾸미　④ 찌는 떡 – 인절미

● ▲ X

12
- 백설기 : 찌는 떡
- 단자, 인절미 : 치는 떡

13
인절미를 부르는 명칭으로 틀린 것은?

① 인병　　　　　　　② 은병
③ 은절병　　　　　　④ 인절병

● ▲ X

13 인절미의 다른 명칭은 인병, 은절병, 인절병으로 불린다.

14
약식, 약과 등의 약(藥)이 의미하는 재료는?

① 꿀
② 찹쌀
③ 소금
④ 한약재

● ▲ X

14 약(藥)은 재료로 꿀이 들어가는 음식에 붙여서 부른다.

5 ④	6 ①	7 ②	8 ②	9 ③
10 ②	11 ③	12 ③	13 ②	14 ①

떡류 포장 및 보관

1 떡류 포장 및 보관 시 주의사항

1 포장의 기능★

① 위생성(이물질 차단)

② 보존의 용이성(노화지연)

③ 보호성, 안전성(파손 방지)

④ 간편성(운반 및 보관 편리)

⑤ 상품성(상품 가치 상승, 판매 촉진)

⑥ 정보성(제품의 성분 파악)

2 떡 포장 시 주의사항★

① 떡은 수분함량이 많아 쉽게 상하므로 김이 빠진 후 포장

② 떡 포장은 수분 차단성이 높은 포장지를 사용

③ 떡의 겉면이 마르지 않도록 실온에서는 비닐에 덮어 식힘

④ 떡의 포장지에는 제품명, 식품의 유형 등을 반드시 표시

(Tip) '식품 등의 표시·광고에 관한 법률'에 의거 포장지에 제품에 대한 정보를 표시

(Tip) **떡류 포장 표시 사항★**
제품명, 식품의 유형, 영업소(장)의 명칭(상호) 및 소재지, 소비기한, 내용량, 원재료명, 성분명 및 함량, 용기(포장) 재질, 품목보고번호, 해당하는 경우 방사선조사, 유전자변형식품, 보관상 주의사항 표시

3 떡 보관★

① 진열 전의 떡은 서늘한 곳에 보관

② 당일 제조 제품만 판매

③ 여름철에 상온에서 24시간 보관해서는 안 됨

④ 냉동고 보관

2 떡류 포장 재료의 특성

1 식품 포장재 구비 조건 ★

위생성, 안전성, 보호성, 상품성, 경제성, 간편성 등

2 떡의 포장 재질

폴리 에틸렌 (PE) ★	• 수분 차단성이 좋으며 소량 생산에도 포장 규격화가 가능한 포장 재질 • 인체에 무해함 • 내수성이 좋음 • 식품의 포장재로 가장 많이 사용되는 포장 재질
종이	• 간편하고 경제적 • 내수성, 내습성이 약함
금속	• 가장 안전하고 오래 보관 가능
유리	• 투명하여 내용물을 볼 수 있으며 가열 살균이 가능 • 파손될 수 있으며 무거움
아밀로스 필름	• 물에 녹지 않으며 신축성이 좋음
알루미늄 박	• 자외선에 의해 변질되는 식품의 포장에 적합
폴리 스티렌 (PS)	• 가격 저렴 • 가공성 용이 • 투명, 무색, 광학적 성질이 우수

지피지기 예상문제

아는 문제(○), 헷갈리는 문제(△), 모르는 문제(x) 표시해 복습에 활용하세요.

1

떡의 포장 목적으로 틀린 것은?

① 먼지 등의 이물질 차단

② 수분의 방출을 차단하여 노화 촉진

③ 외관을 아름답게 하여 상품성을 향상

④ 취급 및 운반의 편리성 향상

2

떡의 보관 방법으로 틀린 것은?

① 당일 제조 및 판매 물량만 확보하여 사용한다.

② 오래 보관된 제품은 판매하지 않는다.

③ 진열 전의 떡은 서늘하고 빛이 들지 않는 곳에서 보관한다.

④ 여름철에는 상온에서 24시간까지 보관해도 무방하다.

3

떡의 포장 용기 표시사항으로 틀린 것은?

① 제품명

② 식품제조사 대표

③ 소비기한

④ 영업소의 명칭 및 소재지

4

떡류 포장의 표시 기준을 포함하여, 소비자의 알 권리를 보장하고 건전한 거래 질서를 확립함으로써 소비자보호에 이바지함을 목적으로 하는 것은?

① 위해요소중점관리기준

② 식품안전관리인증기준

③ 식품안전기본법

④ 식품 등의 표시·광고에 관한 법률

---

1 포장의 목적
- 품질 보호 및 보존성
- 제품의 위생적 보관과 보호
- 취급 및 운반의 편리성
- 제품의 판촉 및 홍보, 정보성, 상품성
- 물류비 절감, 경제성
- 포장을 통해 수분의 방출을 막을 수 있어 노화를 지연시키고 저장성을 향상시킬 수 있음

2 여름철 상온에서 오래 보관하는 경우 떡의 안전성에 문제가 발생할 수 있으므로 24시간까지 보관하면 안 된다.

3 포장 용기에는 제품명, 식품의 유형, 영업장(소)의 상호(명칭)와 소재지, 소비기한, 원재료명, 포장·용기 재질, 품목 보고번호 등을 표시해야 한다.

4 식품 등의 표시·광고에 관한 법률에 따라 포장지 제품에 대한 정보를 표시한다.

5 ●▲X

떡의 포장 방법으로 옳은 것은?

① 떡은 충분히 식은 후 포장을 한다.

② 떡은 충분한 건조 후 포장을 한다.

③ 떡은 찌고 한 김 날려 보낸 후 포장을 한다.

④ 떡은 찌고 난 뒤 바로 포장한다.

6 ●▲X

내수성이 좋고 식품이 직접 닿아도 무해한 소재로 떡 포장지로 가장 많이 사용하는 포장재는?

① 폴리에틸렌(PE)　　　② 플라스틱 필름

③ 폴리스티렌(PS)　　　④ 폴리프로필렌(PP)

7 ●▲X

소비자가 포장의 상태로 내용물의 변질이나 오염 여부를 확인하는 것으로 알맞은 포장의 기능은?

① 계량　　　　　　　② 식품의 보존

③ 식품의 유통　　　　④ 판매촉진

8 ●▲X

소비자의 구매 욕구를 불러일으키며 제품의 광고효과를 갖는 포장의 기능은?

① 계량

② 식품의 보존

③ 식품의 유통

④ 판매촉진

---

5 떡은 수분의 함량이 품질에 영향을 미치므로 주의하도록 하며, 찌고 난 뒤 한 김 날려 보낸 후 포장을 하는 것이 좋다. 너무 오래 식히거나 건조시키면 노화가 일어날 수 있으며, 바로 포장할 경우 포장 내에 수분이 맺힐 수 있다.

6 ② 플라스틱 필름 : 식품 포장용으로 많이 쓰이나 열에 약하고 충격이나 압력에 의해 찢어질 수 있음
③ 폴리스티렌(PS) : 가공성이 용이하며 투명, 무색으로서 내열성이 떨어짐
④ 폴리프로필렌(PP) : 안전한 소재로 가공과 성형이 쉬우며 기름에 강함

7 포장은 외부로부터 빛, 산소, 이물질 등을 차단하여 식품의 저장과 위생을 도와준다.

8 포장의 디자인이 판매에 중요한 요인이 되었으며, 소비자의 욕구를 충족시켜야 한다.

정답

| 1 ② | 2 ④ | 3 ② | 4 ④ | 5 ③ |
| 6 ① | 7 ② | 8 ④ | | |

《흑임자경단》

Part 3
위생·안전관리

개인 위생관리

1 개인 위생관리 방법

식품위생법 제40조에 따라 식품영업자 및 종업원은 건강진단 의무화(총리령, 건강진단 검단주기 : 1년)

1 식품영업에 종사하지 못하는 질병의 종류(식품위생법 시행규칙 제50조) ★

① 소화기계 감염병 : 콜레라, 장티푸스, 파라티푸스, 세균성이질, 장출혈성대장균감염증, A형간염 등
→ 환경위생을 철저히 함으로써 예방 가능

② 결핵 : 비전염성인 경우는 제외

③ 피부병 및 기타 화농성 질환

④ 후천성면역결핍증(AIDS) : '감염병의 예방 및 관리에 관한 법률'에 의하여 성병에 관한 건강진단을 받아야 하는 영업에 종사하는 자에 한함

2 손 위생관리 : 손씻기를 철저히 하기만 해도 질병의 60% 정도 예방

(1) 손 세척·소독 원칙

① 원·부재료를 취급하고 가공 제품을 만질 때

② 오염된 장비나 도구를 만진 후

③ 머리, 얼굴 또는 몸 등 신체 부위를 만진 후

④ 재채기나 기침, 콧물을 흘렸을 때

⑤ 흡연을 한 후

⑥ 음식을 먹거나 마신 후

⑦ 청소를 한 후

⑧ 쓰레기를 치운 후

⑨ 화장실을 이용한 후

⑩ 작업을 시작하기 전이나 끝난 후

⑪ 작업장 입실 시

⑫ 작업 중 주기적으로

> **Tip 식품종사자 손 소독에 가장 적합한 방법**
> 비누로 세척 후 역성비누 사용

(2) 손씻기 6단계

 **손바닥**
손바닥과 손바닥을 마주대고 문질러주세요

 **손등**
손등과 손바닥을 마주대고 문질러주세요

 **손가락 사이**
손바닥을 마주대고 손깍지를 끼고 문질러주세요

 **두 손 모아**
손가락을 마주잡고 문질러주세요

 **엄지손가락**
엄지손가락을 다른 편 손바닥으로 돌려주면서 문질러주세요

 **손톱 밑**
손가락을 반대편 손바닥에 놓고 문지르며 손톱 밑을 깨끗하게 하세요

(3) 손씻기 8단계

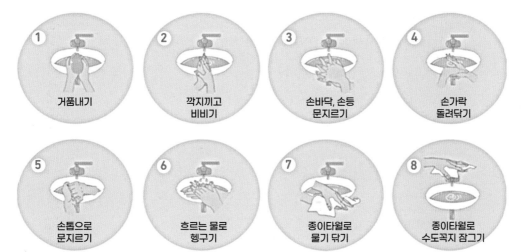

1. 거품내기
2. 깍지끼고 비비기
3. 손바닥, 손등 문지르기
4. 손가락 돌려닦기
5. 손톱으로 문지르기
6. 흐르는 물로 헹구기
7. 종이타월로 물기 닦기
8. 종이타월로 수도꼭지 잠그기

3 개인복장 착용기준

두발	• 매일 감고, 긴 머리는 묶기
화장	• 지나친 화장과 향수, 인조속눈썹 등의 부착물 사용을 금함
장신구	• 목걸이, 귀걸이 등 장신구 착용을 금함
상의	• 흰색이나 옅은 색상의 면소재 • 목둘레나 소맷단이 늘어지지 않는 것 • 매일 세척 후 건조 착용 • 외출복과 구분 보관관리
하의	• 몸에 여유가 있는 복장 • 매일 세척 후 건조 착용 • 외출복과 구분 보관관리
앞치마	• 세척·소독 후 건조 착용 • 착용 중 청결 유지 • 전처리용, 조리용, 배식용, 세척용으로 구분 사용
신발	• 신고 벗기 편리하고 미끄럽지 않은 모양과 재질 선택 • 외부용 신발과 구분 착용

위생모	• 귀와 머리카락이 보이지 않게 착용, 망사모자는 피함
토시	• 매일 세척 후 건조 착용
마스크	• 코까지 덮기

2 오염 및 변질의 원인

1 미생물의 종류

① 곰팡이(Mold) : 진균류, 포자번식, 건조 상태에서 증식 가능, 미생물 중 가장 크기가 큼

② 효모(Yeast) : 진균류, 곰팡이와 세균의 중간 크기, 출아법 증식, 통성혐기성균

③ 스피로헤타(Spirochaeta) : 매독균, 회귀열

④ 세균(Bacteria) : 구균, 간균, 나선균, 2분법 증식, 수분을 좋아함

⑤ 리케차(Rickettsia) : 세균과 바이러스 중간, 이분법, 살아있는 세포 속에서만 증식, 발진열(Q열), 발진티푸스, 양충병

⑥ 바이러스(Virus) : 미생물 중 가장 크기가 작음

Tip 미생물의 크기 ★

곰팡이 〉 효모 〉 스피로헤타 〉 세균 〉 리케차 〉 바이러스

2 미생물 생육에 필요한 조건 ★

> ▶ 미생물 증식 5대 조건 : 영양소, 수분, 온도, pH, 산소
> ▶ 미생물 증식 3대 조건 : 영양소, 수분, 온도

(1) 영양소

탄소원(당질), 질소원(아미노산, 무기질소), 무기염류, 비타민 등이 필요

(2) 수분

① 미생물의 몸체를 구성하고 생리기능을 조절하는 성분으로 보통 40% 이상 필요

② 수분 활성치(Aw) 순서 : 세균(0.90~0.95) 〉 효모(0.88) 〉 곰팡이(0.65~0.80)

③ 세균 : 수분량 15% 이하에서 억제

④ 곰팡이 : 수분량 13% 이하에서 억제

(3) 온도 : 0℃ 이하와 80℃ 이상에서는 발육하지 못함

저온균	발육 최적 온도 15~20℃	식품의 부패를 일으키는 부패균
중온균 ★	발육 최적 온도 25~37℃	질병을 일으키는 병원균
고온균	발육 최적 온도 55~60℃	온천물에 서식하는 온천균

(4) 수소이온농도(pH)

① 곰팡이·효모 : 최적 pH 4.0~6.0 약산성에서 생육 활발

② 세균 : 최적 pH 6.5~7.5 중성이나 약알칼리성에서 생육 활발

(5) 산소

호기성세균	산소를 필요로 하는 균(초산균, 고초균, 결핵균 등)	
혐기성세균	산소를 필요로 하지 않는 균	
	통성혐기성세균	산소유무에 관계없이 발육하는 균 (효모, 포도상구균, 대장균, 티푸스균)
	편성혐기성세균 ★	산소를 절대적으로 기피하는 균 (보툴리누스균, 웰치균, 파상풍균)

3 미생물에 의한 식품의 변질

(1) 식품의 변질

식품을 보존하지 않아 여러 가지 환경요인으로 성분이 변화되어 영양소가 파괴되고, 향기나 맛의 손상이 일어나 식품 원래의 특성을 잃게 되는 상태

(2) 변질의 종류 ★

부패	단백질 식품이 혐기성 미생물에 의해 변질되는 현상
변패	단백질 이외의 식품이 미생물에 의해서 변질되는 현상
산패	유지가 공기 중의 산소, 일광, 금속(Cu, Fe)에 의해 변질되는 현상
후란	단백질 식품이 호기성 미생물에 의해 변질되는 현상
발효	탄수화물이 미생물의 작용을 받아 유기산, 알코올 등을 생성하게 되는 현상

> **Tip 식품의 부패 시 생성되는 물질 ★**
> 황화수소, 아민류, 암모니아, 인돌 등

(3) 식품의 부패 판정

① 관능검사 : 시각, 촉각, 미각, 후각 이용

② 생균수 검사 : 식품 1g당 10^7~10^8일 때 초기부패로 판정

③ 수소이온농도 : pH 6.0~6.2일 때 초기부패로 판정

④ 트리메틸아민(TMA) : 어류의 신선도 검사로 3~4mg%이면 초기부패로 판정

⑤ 휘발성 염기질소량 측정 : 식육의 신선도 검사로 30~40mg%이면 초기부패로 판정

⑥ 히스타민 : 단백질 분해 산물인 히스티딘에서 생성, 히스타민의 함량이 낮을수록 신선

> **Tip 식품의 오염지표 검사 ★**
> • 대장균 검사(분변오염지표균)　　　• 장구균 검사(분변오염 + 냉동식품 오염여부 판정)

4 미생물 관리

(1) 냉장·냉동법

구분	설명	종류
냉장법	• 0~4℃에서 저온 저장하는 방법	과일, 채소
냉동법	• -40℃에서 급속동결하여 -20℃에서 저장하는 방법 • 장기간 저장 가능	육류, 어류
움저장법	• 10℃에서 저장	감자, 고구마, 김치

(2) 건조법

구분	설명	종류
일광건조법	• 햇빛에 말리는 방법	농산물, 김, 곡류, 건어물
열풍건조법	• 가열된 공기로 식품을 건조하는 방법 • 품질변화가 적음	육류, 어류
배건법	• 직접 불로 건조시켜 식품의 향미를 증가시키는 방법	보리차, 홍차, 담배, 찻잎
냉동건조법★	• 식품을 -30℃ 이하로 냉동시켜 저온에서 건조시키는 방법	한천, 건조두부, 당면
분무건조법	• 액체를 분무하여 열풍 건조시키는 방법	분유, 분말주스, 액상건조

(3) 가열살균법★

구분	설명	종류
저온살균법	61~65℃에서 약 30분간 가열살균 후 냉각	우유, 주스
고온단시간살균법	70~75℃에서 15~30초 가열살균 후 냉각	우유
초고온순간살균법	130~140℃에서 1~2초 가열살균 후 냉각	우유
고온장시간살균법	90~120℃에서 약 60분간 가열살균 후 냉각	통조림

(4) 조사살균법

자외선 방사선을 이용하여 미생물을 사멸시키는 방법 예 양파, 고구마 등

(5) 화학적 살균법

구분	설명	종류
염장법	• 소금에 절이는 방법 • 10% 이상에서 발육 억제	해산물, 채소, 육류
당장법	• 50% 이상의 설탕액을 이용	잼, 젤리, 가당연유
산저장법	• 초산, 젖산, 구연산을 사용하여 식품을 저장(초산율 3~4% 이상)	피클, 장아찌

(6) 발효처리에 의한 방법

구분	설명	종류
세균, 효모의 응용	식품에 유용한 미생물을 번식시켜 유해한 미생물의 번식을 억제	치즈, 김치, 요구르트, 식빵
곰팡이의 응용	식품 자체의 성분을 적당히 변화시켜 다른 식품으로 만든 것	콩 → 간장, 된장 우유 → 치즈

(7) 종합적 처리에 의한 방법

구분	설명	종류
훈연법	수지가 적은 나무를 불완전 연소시켜서 발생하는 연기에 그을려서 저장	햄, 소시지, 베이컨
염건법	소금을 첨가한 후 건조시켜 저장하는 방법	어패류
밀봉법	용기에 식품을 넣고 수분증발, 수분흡수, 미생물의 침범을 막아 보존하는 방법	통조림, 병조림
가스저장법★ (CA저장법)	CO_2 농도를 높이거나 O_2의 농도를 낮추거나 N_2(질소가스)를 주입하여 미생물의 발육을 억제시켜 저장하는 방법	과일, 채소

5 식품과 기생충병

(1) 채소를 통해 감염되는 기생충(중간숙주x)★

분변을 비료로 사용하여 기생충 알이 부착된 야채를 생식함으로써 감염

종류	특징
회충	경구감염, 소독에 저항성 강함
요충	집단감염, 항문에 기생
편충	경구감염
구충(십이지장충)	경구감염, 경피감염, 소독, 일광에 강함
동양모양선충	경구감염, 식염에(김치) 강함

(2) 육류를 통해 감염되는 기생충(중간숙주 1개)

종류	중간숙주
무구조충(민촌충)	소
유구조충(갈고리촌충)	돼지
선모충	돼지
톡소플라스마	고양이, 쥐, 조류
만손열두조충(만소니열두조충)	닭

(3) 어패류를 통해 감염되는 기생충(중간숙주 2개)★

종류	제1중간숙주	제2중간숙주
간디스토마(간흡충)	왜우렁이	붕어, 잉어(피낭유충)
폐디스토마(폐흡충)	다슬기	가재, 게
요꼬가와흡충(횡천흡충)	다슬기	담수어(은어)
광절열두조충(긴촌충)	물벼룩	송어, 연어, 숭어
아니사키스충 (아니사키스충 속 고래회충)	바다새우류	고등어, 오징어, 대구, 갈치 → (돌)고래, 물개
유극악구충	물벼룩	가물치, 메기

(4) 기생충의 예방법

① 분변은 위생적으로 처리하고 채소 재배 시 화학 비료를 사용

② 육류나 어패류는 익혀서 먹음

③ 개인 위생관리를 철저히 하고 조리 기구를 잘 소독

④ 야채류는 흐르는 물에서 5회 이상 씻기

⑤ 정기적으로 구충제를 복용

3 감염병 원인과 예방대책

식품위생상 문제가 되는 것은 음식물을 매개로 하는 경구감염병과 인수공통감염병

Tip 경구감염병과 세균성 식중독의 차이점

구분	경구감염병(소화기계 감염병)	세균성 식중독
감염원	감염병균에 오염된 식품과 음용수 섭취에 의해 경구감염	식중독균에 오염된 식품섭취에 의해 감염
감염균의 양	적은 양의 균으로도 감염	많은 양의 균과 독소
잠복기	상대적으로 길다	짧다
2차 감염	있음	없음(살모넬라 제외)
면역성	있음	없음
독성	강함	약함
예방	예방접종되는 경우도 있지만 대부분 불가능	가능(식품 중 균의 증식을 억제함)

1 감염병 발생의 3대 요소★

(1) 감염원★

① 질병을 일으키는 원인

② 병원체

③ 병원소 : 환자, 보균자, 매개동물이나 곤충, 오염토양, 오염식품, 오염식기구, 생활용구 등

활성	• 매개 역할을 하는 생물로서 매개곤충, 흡충류가 여기에 속함 • 기계적 전파(파리, 바퀴), 생물학적 전파(모기, 빈대, 벼룩)
비활성	• 물, 식품, 공기, 완구, 기구 등을 말함 • 숙주 내부로는 들어가지 않고 병원체를 운반하는 수단으로 작용하는 손수건, 완구, 의복 등은 개달물(매개물)이라 함

(2) 감염경로★

① 감염원으로부터 병원체가 전파되는 과정

② 직·간접적 감염, 공기감염, 절지동물 감염 등

(3) 숙주의 감수성★

숙주가 병원체를 받아들이는 감수성에 따라 감염병이 발생

숙주	• 한 생물체가 다른 생물체의 침범을 받아 영양물질의 탈취 및 조직 손상 등을 당하는 생물체
감수성	• 숙주에 침입한 병원체에 대항하여 감염이나 발병을 저지할 수 없는 상태 • 감수성이 높으면 면역성이 낮으므로 질병이 발병하기 쉬움 • 감수성 지수(접촉감염지수) : 두창, 홍역(95%) 〉 백일해(60~80%) 〉 성홍열(40%) 〉 디프테리아(10%) 〉 폴리오

2 감염병의 생성과정

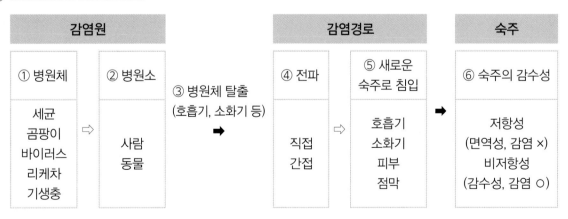

3 법정감염병(감염병의 예방 및 관리에 관한 법률 2023.12.15.)

구분	특징	해당 질병
제1급 감염병	생물테러감염병 또는 치명률이 높거나 집단 발생의 우려가 커서 발생 또는 유행 즉시 신고하여야 하고, 음압격리와 같은 높은 수준의 격리가 필요한 감염병	에볼라바이러스병, 마버그열, 라싸열, 크리미안콩고출혈열, 남아메리카출혈열, 리프트밸리열, 두창, 페스트, 탄저, 보툴리눔독소증, 야토병, 신종감염병증후군, 중증급성호흡기증후군(SARS), 중동호흡기증후군(MERS), 동물인플루엔자 인체감염증, 신종인플루엔자, 디프테리아
제2급 감염병	전파가능성을 고려하여 발생 또는 유행 시 24시간 이내에 신고하여야 하고, 격리가 필요한 감염병	결핵, 수두, 홍역, 콜레라, 장티푸스, 파라티푸스, 세균성이질, 장출혈성대장균감염증, A형간염, 백일해, 유행성이하선염, 풍진, 폴리오, 수막구균 감염증, b형헤모필루스인플루엔자, 폐렴구균 감염증, 한센병, 성홍열, 반코마이신내성황색포도알균(VRSA) 감염증, 카바페넴내성장내세균목(CRE) 감염증, E형간염
제3급 감염병	그 발생을 계속 감시할 필요가 있어 발생 또는 유행 시 24시간 이내에 신고하여야 하는 감염병	파상풍, B형간염, 일본뇌염, C형간염, 말라리아, 레지오넬라증, 비브리오패혈증, 발진티푸스, 발진열, 쯔쯔가무시증, 렙토스피라증, 브루셀라증, 공수병, 신증후군출혈열, 후천성면역결핍증(AIDS), 크로이츠펠트-야콥병(CJD) 및 변종크로이츠펠트-야콥병(vCJD), 황열, 뎅기열, 큐열(Q열), 웨스트나일열, 라임병, 진드기매개뇌염, 유비저, 치쿤구니야열, 중증열성혈소판감소증후군(SFTS), 지카바이러스 감염증, 매독
제4급 감염병	1~3급 외에 유행 여부를 조사하기 위하여 표본감시 활동이 필요한 감염병	인플루엔자, 회충증, 편충증, 요충증, 간흡충증, 폐흡충증, 장흡충증, 수족구병, 임질, 클라미디아감염증, 연성하감, 성기단순포진, 첨규콘딜롬, 반코마이신내성장알균(VRE) 감염증, 메티실린내성황색포도알균(MRSA) 감염증, 다제내성녹농균(MRPA) 감염증, 다제내성아시네토박터바우마니균(MRAB) 감염증, 장관감염증, 급성호흡기감염증, 해외유입기생충감염증, 엔테로바이러스감염증, 사람유두종바이러스 감염증

※ 단, 질병관리청장이 보건복지부장관과 협의하여 지정한 엠폭스(MPOX)를 제3급 감염병에 포함하고, 질병관리청장이 지정한 코로나바이러스-19를 제4급 감염병에 포함한다(질병관리청 고시, 2024.1.1.).

4 감염병의 분류

(1) 병원체에 따른 분류

바이러스★	호흡기계 침입	인플루엔자, 홍역, 유행성 이하선염, 두창 등
	소화기계 침입	소아마비(폴리오), 유행성 간염 등
	피부점막 침입	일본뇌염, 광견병(공수병), AIDS 등

세균	호흡기계 침입	디프테리아, 백일해, 나병(한센병), 결핵, 폐렴, 성홍열 등
	소화기계 침입	콜레라, 장티푸스, 파라티푸스, 세균성 이질 등
	피부점막 침입	파상풍, 페스트
리케차★	발진티푸스, 발진열, 쯔쯔가무시증(양충병)	
스피로헤타	와일씨병, 매독, 서교증 등	
원충	말라리아, 암바성 이질, 톡소플라즈마, 트리파노소마(아프리카 수면병)	

(2) 인체 침입구에 따른 분류

소화기계 침입	• 경구 침입 • 콜레라, 장티푸스, 파라티푸스, 세균성 이질, 아메바성 이질, 소아마비(폴리오), 유행성 간염 등
호흡기계 침입	• 비말감염, 진애감염 • 디프테리아, 백일해, 홍역, 천연두(두창), 유행성 이하선염, 결핵, 인플루엔자, 두창, 풍진, 성홍열 등
점막 피부 침입	• 경피 침입 • 매독, 한센병(나병), 파상풍, 탄저 등

(3) 기타 감염경로에 따른 분류

직접전파	신체접촉★	• 매독, 임질, 성병 등
	토양으로부터 감염	• 파상풍, 탄저 등
간접전파	비말감염★	• 기침, 재채기를 통한 감염 • 홍역, 인플루엔자, 폴리오(소아마비) 등
	진애감염	• 먼지를 통한 감염 • 결핵, 천연두, 디프테리아 등
공기전파	• 기침을 하거나 대화 중일 때 병원체가 대기 중에 부유하여 감염 • Q열, 브루셀라, 결핵 등	
절족동물 매개감염병	• 발진티푸스(이), 황열(모기), 말라리아(모기), 일본뇌염(모기), 페스트(벼룩), 발진열(벼룩), 양충병 (진드기), 유행성 출혈열(진드기) 등	
수인성 감염 으로 전파	• 콜레라, 이질, 장티푸스, 파라티푸스 등	
식품 (음식물의 전파)	• 콜레라, 이질, 장티푸스, 폴리오(소아마비), 유행성 간염 등	
개달물 감염 으로 전파★	• 의복, 침구, 서적, 완구 등에 의한 감염 • 결핵, 트라코마, 천연두 등	
토양 감염 으로 전파	• 파상충, 구충(십이지장충) 등	

5 감염병의 잠복기

① 잠복기 1주일 이내 : 콜레라, 이질, 성홍열, 파라티푸스, 뇌염, 인플루엔자, 디프테리아 등
② 잠복기 1~2주일 : 장티푸스, 홍역, 급성회백수염, 수두, 풍진 등
③ 잠복기가 긴 것 : 한센병(9개월~20년), 결핵(잠복기가 일정하지 않으며 가장 길다)

6 감염병 유행의 시간적 현상

변화	주기	감염병
순환변화(단기변화) 단기 주기로 유행하는 것	2~5년	백일해(2~4년) 홍역(2~4년) 일본뇌염(3~4년)
추세변화(장기변화)★	10~40년	디프테리아(20년) 성홍열(30년) 장티푸스(30~40년)
계절적 변화	하계	소화기계 감염병
	동계	호흡기계 감염병
불규칙 변화	질병 발생 양상이 돌발적으로 발생하는 경우(외래 감염병)	

7 감염병의 예방 대책

환자에 대한 대책	환자의 조기 발견, 격리 및 감시와 치료 실시, 법정감염병 환자 신고 잘하기
보균자에 대한 대책	보균자의 조기발견으로 감염병의 전파를 막음, 특히 식품을 다루는 업무에 종사하는 사람에 대한 검색을 중점적으로 실시
외래 전염병에 대한 대책	병에 걸린 동물을 신속히 없앰
역학조사	검병 호구조사, 집단검진 등 각종 자료에서 감염원을 조사 추구하여 대책을 세움
감수성 숙주의 관리	예방접종 실시

> **Tip** 감염병 관련 암기 사항
> • 영구면역이 잘 되는 질병 : 홍역, 폴리오, 천연두, 수두, 풍진, 백일해 등
> • 면역이 형성되지 않는 질병 : 매독, 이질, 말라리아
> • 잠복기가 긴 감염병 : 결핵, 한센병
> • 투베르쿨린 반응 검사 : 결핵균 감염 유무 검사
> • 우리나라 검역 질병 : 콜레라(120시간), 페스트(144시간), 황열(144시간)
> • 건강보균자 : 감염병 관리가 가장 어려움

8 면역

(1) 면역의 종류

구분	특징	
선천적 면역	• 체내에 자연적으로 형성된 면역 • 종속면역, 인종면역, 개인의 특이성	
후천적 면역	• 감염병의 환후나 예방접종 등에 의해 형성된 면역	
	능동면역	• 자연능동면역 : 질병감염 후 획득한 면역 • 인공능동면역 : 예방접종(백신)으로 획득한 면역
	수동면역	• 자연수동면역 : 모체로부터 얻는 면역(태반, 수유) • 인공수동면역 : 혈청 접종으로 얻는 면역

(2) 예방접종(인공면역)

구분	연령	종류
기본접종	생후 4주 이내	BCG(결핵 예방접종)
	생후 2, 4, 6개월	경구용 소아마비, DPT
	15개월	홍역, 볼거리, 풍진
	3~15세	일본뇌염
추가접종	18개월, 4~6세, 11~13세	경구용 소아마비, DPT
	매년	유행전 접종(독감)

Tip **DPT**
> D : 디프테리아, P : 백일해, T : 파상풍

9 인수공통감염병

사람과 동물이 같은 병원체에 의해서 감염증상을 일으키는 것

결핵(세균)	소	돈단독(세균)	소, 돼지, 말
탄저병(세균)	소, 말, 양	Q열(리케차)	소, 양
파상열(세균)★	소, 돼지, 염소 증상 : 사람(열병), 동물(유산)	광견병(바이러스)	개
야토병(세균)	토끼	페스트(세균)	쥐
조류인플루엔자 (바이러스)	닭, 칠면조, 야생조류	렙토스피라증 (세균)	쥐

4 식중독 원인과 예방대책

1 식중독의 정의

식중독이란, 일반적으로 음식물을 통하여 체내에 들어간 병원미생물, 유독·유해물질에 의해 일어나는 것으로 급성 위장염 증상을 주로 보이는 건강장애로 90% 이상이 6~9월(여름철) 사이에 발생

2 식중독 발생 시 신고(식품위생법 제86조. 2024.9.20.)

(1) 신고 시기

24시간 이내 즉시 신고

(2) 신고 절차

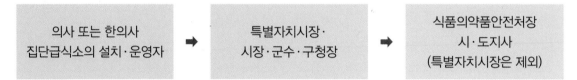

| 의사 또는 한의사
집단급식소의 설치·운영자 | ➡ | 특별자치시장·
시장·군수·구청장 | ➡ | 식품의약품안전처장
시·도지사
(특별자치시장은 제외) |

3 세균성 식중독

세균성 식중독 원인 물질이 세균이며 일정 수 이상으로 번식한 세균이 있는 식품을 섭취했을 때 발병	
감염형 식중독 식품과 함께 섭취한 병원체가 체내에서 증식하여 발생	독소형 식중독 세균이 증식하여 독소를 생산한 식품을 섭취하여 발생
① 살모넬라 식중독 ② 장염비브리오 식중독 ③ 병원성 대장균 식중독 ④ 웰치균 식중독	① 황색포도상구균 식중독 ② 클로스트리디움 보툴리눔 식중독

(1) 살모넬라 식중독★

분류	감염형 식중독
감염원	쥐, 파리, 바퀴벌레, 닭 등
원인식품	육류 및 그 가공품, 어패류, 알류, 우유 등
잠복기	12~24시간(평균 18시간)
증상	급성 위장증상 및 급격한 발열
예방	방충, 방서, 60℃에서 30분 이상 가열

(2) 장염비브리오 식중독★

분류	감염형 식중독
감염원	어패류
원인식품	어패류 생식
잠복기	10~18시간(평균 12시간)
증상	급성 위장증상
예방	가열 섭취, 여름철 생식 금지

(3) 병원성 대장균 식중독

분류	감염형 식중독
감염원	환자나 보균자의 분변, 물이나 흙 속에 존재
원인식품	우유, 채소, 샐러드 등
잠복기	평균 13시간
증상	급성 대장염(대표균 O:157)
예방	분변오염 방지

(4) 클로스트리디움 퍼프리젠스 식중독(웰치균 식중독)

분류		감염형 식중독
원인균	웰치균	• 편성혐기성균, 아포형성, 내열성균 • A형 : 원인균 • F형 : 치명율 높음 • A, C형 : 감염형 • B, D, E, F형 : 독소형
감염원		사람·동물의 분변, 식품의 오염 증식
원인식품		육류 및 가공품
잠복기		8~22시간(평균 12시간)
증상		구토, 설사, 복통
예방		분변오염이 되지 않도록 주의 조리 후 저온·냉동 보관, 재가열 섭취 금지

(5) 황색포도상구균 식중독★

분류	독소형 식중독
원인균	포도상구균(열에 약함)
원인독소	엔테로톡신(장독소, 열에 강함)
잠복기	평균 3시간(잠복기가 가장 짧다)
원인식품	유가공품(우유, 크림, 버터, 치즈) 조리식품(떡, 콩가루, 김밥, 도시락)
증상	급성 위장염
예방	손이나 몸에 화농이 있는 사람은 식품취급 금지

(6) 클로스트리디움 보툴리눔 식중독★

분류	독소형 식중독
원인균	보툴리눔균(A, B, C, D, E, F형 중에서 A, B, E형이 원인균)
원인독소	뉴로톡신(신경독소)
잠복기	12~36시간(잠복기가 가장 길다)
원인식품	통조림, 햄, 소시지
증상	신경마비증상(사시, 동공확대, 운동장애, 언어장애) → 치사율이 가장 높다
예방	통조림 제조 시 멸균을 철저히 하고 섭취 전 가열

4 자연독 식중독★

복어	테트로도톡신(난소 > 간 > 내장 > 피부), 열에 파괴 ×
섭조개(홍합), 대합	삭시톡신
모시조개, 굴, 바지락, 고동	베네루핀
독버섯	무스카린, 뉴린, 콜린, 아마니타톡신(알광대 버섯)
감자	솔라닌, 셉신(부패한 감자)
독미나리	시큐톡신
청매, 살구씨, 복숭아씨	아미그달린
피마자	리신
면실류(목화씨)	고시폴
독보리(독맥)	테무린(테물린)

미치광이풀	아트로핀
소라, 고동	테트라민

5 화학적 식중독

(1) 유해물질에 의한 식중독

카드뮴(Cd)	이타이이타이병(골연화증)
수은(Hg)	미나마타병(강력한 신장독, 전신경련)
납(Pb)	인쇄, 유약 바른 도자기, 구토, 복통, 설사
주석(Sn)	통조림 내부 도장, 구토, 설사, 복통
크롬(Cr)	금속, 화학공장 폐기물, 비중격천공, 비점막궤양
PCB	일명 가네미유중독, 미강유중독, 피부병, 간질환, 신경장애 증세
방사능	유전자 변이, 백혈병, 생식불능 등

(2) 유해첨가물에 의한 식중독★

착색제	아우라민(단무지) 로다민 B(붉은 생강, 어묵)
감미료	둘신(설탕의 250배, 혈액독) 사이클라메이트(설탕의 40~50배, 발암성) 페릴라(설탕의 2000배)
표백제	롱가릿, 형광표백제
보존료	붕산(체내 축적), 포름알데히드, 불소화합물, 승홍

(3) 농약에 의한 식중독

살포시 흡입주의, 과채류의 산성액 세척, 수확 전 15일 이내 살포금지

유기인제★	파라티온, 말라티온, 다이아지논 등(신경독)	신경증상, 혈압상승, 근력감퇴
유기염소제	DDT, BHC(신경독) 잔류	복통, 설사, 구토, 두통, 시력감퇴, 전신권태
비소화합물	비산칼슘	목구멍과 식도의 수축, 위통, 구토, 설사, 혈변, 소변량 감소

(4) 메틸알코올(메탄올) 식중독★

① 주류 발효과정에서 펙틴이 존재할 경우 과실주에서 생성

② 두통, 구토, 설사, 실명, 심하면 사망

6 곰팡이 독소(마이코톡신) ★

황변미 중독(쌀)	• 페니실리움 속 푸른곰팡이에 의해 저장 중인 쌀에 번식 • 시트리닌(신장독), 시트레오비리딘(신경독), 아이슬란디톡신(간장독)
맥각 중독(보리, 호밀)	• 맥각균이 번식하여 독소 생성 • 에르고톡신(간장독)
아플라톡신 중독(곡류, 땅콩)	• 아스퍼질러스 플라버스 곰팡이가 번식하여 독소 생성

7 기타 식중독

(1) 알레르기성 식중독 ★

원인독소	히스타민
원인균	프로테우스 모르가니
원인식품	꽁치, 고등어 같은 붉은 살 어류 및 그 가공품
증상	두드러기, 열증
예방	항히스타민제 투여

(2) 노로바이러스 식중독

감염경로	• 경구감염 : 오염식수, 오염된 물로 재배된 채소·과일·식품 등 섭취 • 접촉감염 : 감염환자의 가검물의 비위생적처리, 조리도구의 오염 • 비말감염 : 기침, 재채기, 대화를 통한 감염
증상	• 24~48시간 내에 구토, 설사, 복통이 발생하고 발병 2~3일 후 없어짐 • 겨울에 발생빈도가 높음
예방대책	• 손 씻기, 식품을 충분히 가열
특징	• 백신 및 치료법 없음

지피지기 예상문제

아는 문제(○), 헷갈리는 문제(△), 모르는 문제(×) 표시해 복습에 활용하세요.

1
○ △ ×

떡 제조 시 작업자의 복장으로 틀린 것은?

① 지나친 화장은 피한다.
② 마스크를 착용한다.
③ 작업 변경 시마다 위생장갑을 교체한다.
④ 정확한 시간을 측정하기 위해 손목시계는 착용해도 무방하다.

2
○ △ ×

개인위생 관리에 대한 설명으로 틀린 것은?

① 완전 포장된 식품을 운반하거나 판매하는 일에 종사하는 종업원은 매년 1회 건강진단을 받아야 한다.
② 위장염 증상으로 설사나 구토 등의 증상이 있는 경우 즉시 상급자에게 보고하고 작업을 하지 않도록 한다.
③ 식품위생법 시행규칙에 의거 A형간염에 걸린 사람은 식품의 제조·가공·조리 분야에 종사할 수 없다.
④ 작업장 내에 음식물, 담배, 장신구 등 불필요한 개인용품을 반입하지 않도록 한다.

3
○ △ ×

조리사의 결격 사유로 틀린 것은?(식품위생법)

① 정신질환자
② B형간염 환자
③ 마약이나 그 밖의 약물 중독자
④ 조리사 면허의 취소처분을 받고 그 취소된 날부터 1년이 지나지 아니한 자

4
○ △ ×

식품위생법 시행규칙에 따라 영업에 종사하지 못하는 질병으로 틀린 것은?

① 콜레라 ② 장티푸스
③ 홍역 ④ 피부병

---

1 손목시계나 목걸이, 귀걸이 등의 장신구는 위생을 위하여 착용하지 않는다.

2 식품 또는 식품첨가물을 채취·가공·제조·조리·저장·운반 또는 판매하는 일에 직접 종사하는 영업자 및 종업원은 매년 1회 건강검진을 받아야 한다. 단, 완전 포장된 식품 또는 식품첨가물을 운반하거나 판매하는 일에 종사하는 사람은 제외한다.

3 A형간염 환자는 조리사로 종사할 수 없다.

4 영업에 종사하지 못하는 질병은 콜레라, 장티푸스, 파라티푸스, 세균성 이질, 장출혈성 대장균, A형간염, 감염성 결핵, 피부병 또는 화농성 질환, 후천성 면역결핍증이 있다.

정답

1 ④	2 ①	3 ②	4 ③	

5

떡 제조 및 판매자의 손 소독에 알맞은 소독제는? ● ▲ ✕

① 역성비누   ② 메탄올

③ 생석회   ④ 크레졸

5   역성비누는 침투력과 살균력이 강하며 냄새가 없어 식품 취급자의 손 소독에 적합하다.
생석회와 크레졸은 주로 변소, 하수도 등 오물 소독에 사용한다.

6

식품의 변질로 생성되는 물질이 아닌 것은? ● ▲ ✕

① 인돌   ② 황화수소

③ 글리코겐   ④ 암모니아

6   글리코겐은 동물체에 저장되는 탄수화물의 종류이다.

7

식품의 변질에 대한 설명으로 틀린 것은? ● ▲ ✕

① 발효는 탄수화물에 미생물이 작용하여 먹을 수 없게 변화된 상태이다.

② 산패는 유지 식품을 공기나 햇볕에 오래 두어 악취가 발생하는 상태이다.

③ 부패는 단백질에 미생물이 작용하여 유해한 물질을 만든 상태이다.

④ 변패는 단백질 이외의 식품에 미생물이 작용하여 변화된 상태이다.

7   발효는 미생물 또는 효소의 작용에 의해서 우리 몸에 유익한 균을 생성하는 상태이다.

8

식품의 부패 정도를 측정하는 지표로 틀린 것은? ● ▲ ✕

① 총질소(TN)   ② 수소이온농도(pH)

③ 트리메틸아민(TMA)   ④ 휘발성염기질소(VBN)

8   총질소는 수질오염의 측정지표로 사용된다.

9

떡이 미생물에 의해 변질되는 현상은? ● ▲ ✕

① 후란

② 부패

③ 산패

④ 변패

9   • 후란 : 단백질이 호기성 세균에 의해 변화되는 것
   • 부패 : 단백질이 혐기성 세균에 의해 변화되는 것
   • 산패 : 지방이 산소나 햇빛 등에 의해 변화되는 것
   • 변패 : 탄수화물이나 지방에 미생물이 작용하여 변화되는 것

10

곡류와 같은 건조식품에 잘 번식할 수 있는 미생물은?

① 효모   ② 효소
③ 세균   ④ 곰팡이

11

다음 미생물 중 크기가 가장 작은 것은?

① 효모   ② 세균
③ 리케차   ④ 곰팡이

12

미생물 생육의 조건으로 틀린 것은?

① 햇빛   ② 온도
③ 수분   ④ 영양소

13

감염병을 관리하는 데 있어 가장 어려운 대상은?

① 건강보균자   ② 급성 감염병환자
③ 만성 감염병환자   ④ 동물 병원소

14

감염병 발생의 3대 요인으로 틀린 것은?

① 숙주   ② 환경
③ 병인   ④ 예방접종

10 수분활성도는 세균이 0.90~0.95, 효모 0.88, 곰팡이 0.65~0.80으로 곰팡이는 건조식품과 같은 곡물에서 잘 증식할 수 있다.

11 미생물의 크기는 곰팡이 > 효모 > 스피로헤타 > 세균 > 리케차 > 바이러스 순이다.

12 미생물 증식의 3대 조건 : 수분, 온도, 영양소
미생물 증식의 5대 조건 : 수분, 온도, 영양소, 산소, pH

13 건강보균자는 병원체를 몸에 지니고 있으나 겉으로는 증상이 전혀 나타나지 않는 건강한 사람으로 감염병을 관리하는 데 있어 가장 어려운 대상이다.

14 예방접종은 감염병의 발생을 억제하기 위함이다.

5	①	6	③	7	①	8	①	9	④
10	④	11	③	12	①	13	①	14	④

15

인수공통감염병으로 틀린 것은?

① Q열
② 탄저병
③ 야토병
④ 콜레라

○ △ ✕

16

동물과 관련된 감염병의 연결이 옳은 것은?

① 소 – 결핵
② 개 – 디프테리아
③ 쥐 – 공수병
④ 고양이 – 페스트

○ △ ✕

17

병원체가 세균인 질병으로 옳은 것은?

① 발진티푸스
② 장티푸스
③ 소아마비
④ 홍역

○ △ ✕

18

예방접종을 통하여 얻는 면역은?

① 인공수동면역
② 인공능동면역
③ 자연수동면역
④ 자연능동면역

○ △ ✕

19

숙주의 감수성지수(접촉감염지수)가 가장 높은 감염병은?

① 홍역
② 백일해
③ 디프테리아
④ 소아마비

○ △ ✕

---

15 콜레라는 음식물을 매개로 전파되는 감염병이다.

16 • 개 : 공수병(광견병)
• 쥐 : 페스트, 유행성출혈열
• 고양이 : 톡소플라스마증, 살모넬라증

17 발진티푸스 : 리케차
소아마비 · 홍역 : 바이러스

18 • 자연능동면역 : 질병감염 후 획득한 면역
• 인공능동면역 : 예방접종(백신)으로 획득한 면역
• 자연수동면역 : 모체로부터 얻는 면역
• 인공수동면역 : 혈청 접종으로 얻는 면역

19 숙주의 감수성 지수 : 홍역, 두창 〉 백일해 〉 성홍열 〉 디프테리아 〉 소아마비

20

식중독 발생 시 행동 요령으로 틀린 것은?

① 구토물 등을 보관한다.

② 해당 기관에 즉시 신고한다.

③ 다른 식중독 예방을 위해 원인이 되는 식품을 폐기한다.

④ 지사제 등의 약을 함부로 복용하지 않도록 한다.

21

손의 상처와 같은 화농성 질환자로 인해 발생할 수 있는 식중독은?

① 살모넬라균　　　　　② 장염비브리오

③ 황색포도상구균　　　④ 클로스트리디움 보툴리눔균

22

감염형 식중독으로 틀린 것은?

① 살모넬라 식중독　　　② 장염비브리오 식중독

③ 병원성 대장균 식중독　④ 클로스트리디움 보툴리눔 식중독

23

잠복기가 가장 짧은 식중독은?

① 살모넬라 식중독　　　② 웰치균 식중독

③ 노로바이러스 식중독　④ 황색포도상구균 식중독

24

알레르기성 식중독의 원인 독소는?

① 에르고톡신

② 뉴로톡신

③ 히스타민

④ 아스퍼질러스 플라버스

20 원인이 되는 식품을 폐기하면 식중독 발생원인의 역학조사를 어렵게 하므로 반드시 보관하도록 한다.

21 황색포도상구균은 엔테로톡신이라는 독소를 생성하며, 손이나 몸에 화농이 있는 사람은 식품을 취급해서는 안 된다.

22 클로스트리디움 보툴리눔 식중독은 독소형 식중독에 해당한다.

23 황색포도상구균 식중독의 평균 잠복기는 3시간이다.

24 • 에르고톡신, 아스퍼질러스 플라버스 : 곰팡이 독소
• 뉴로톡신 : 클로스트리디움 보툴리눔 식중독

15	④	16	①	17	②	18	②	19	①
20	③	21	③	22	④	23	④	24	③

25

일반적인 가열조리법으로 예방하기 어려운 식중독은?

① 장염비브리오 식중독   ② 살모넬라 식중독

③ 포도상구균 식중독   ④ 웰치균 식중독

25 포도상구균은 가열하면 사멸되나 원인 독소인 엔테로톡신은 내열성이 강하여 100℃에서 10분간 가열하여도 독소가 파괴되지 않으므로 예방이 어렵다.

26

일반적으로 치사율이 가장 높은 식중독은?

① 살모넬라 식중독   ② 황색포도상구균 식중독

③ 클로스트리디움 보툴리눔 식중독   ④ 병원성 대장균 식중독

26 클로스트리디움 보툴리눔 식중독은 뉴로톡신이라는 독소를 생산하여 신경마비증상을 나타내며, 치사율이 가장 높다.

27

60℃에서 30분간 가열하면 예방이 가능한 식중독은?

① 살모넬라 식중독   ② 병원성 대장균 식중독

③ 장염비브리오 식중독   ④ 테트로도톡신 식중독

27 살모넬라 식중독은 일반적으로 60℃에서 30분간 가열하면 예방이 가능하다.

28

아포를 형성하는 균까지 사멸하는 소독의 방법으로 짝지어진 것은?

① 건열멸균법, 유통증기소독법   ② 간헐멸균법, 건열멸균법

③ 화염멸균법, 초고압증기멸균법   ④ 간헐멸균법, 초고압증기멸균법

28 ・초고압증기멸균법 : 고압증기멸균기를 이용하여 통조림, 거즈 등을 121℃에서 15~20분간 소독하는 방법
・간헐멸균법 : 100℃의 유통증기를 20~30분간 1일 1회로 3번 반복하는 방법

29

노로바이러스에 대한 설명으로 틀린 것은?

① 오염된 식수 등에 의해 발병한다.

② 24~48시간 내에 구토, 설사, 복통이 발생한다.

③ 겨울철에 발생빈도가 높다.

④ 백신의 개발로 예방이 가능하다.

29 노로바이러스는 백신 및 치료법이 아직 없다.

30

자연독 식중독과 독성분의 연결이 옳은 것은?

① 복어 – 베네루핀
② 감자 – 아미그달린
③ 섭조개 – 시큐톡신
④ 버섯 – 무스카린

31

복어독에 대한 설명으로 틀린 것은?

① 가열하면 파괴된다.
② 난소, 내장 등에 많이 있다.
③ 섭취 시 치사율이 매우 높다.
④ 중독 시 신속하게 위장 내 독소를 제거해야 한다.

32

미나마타병의 원인이 되는 식중독 물질은?

① 수은
② 카드뮴
③ 아연
④ 구리

33

통조림 식품의 통조림 관에서 유래될 수 있는 식중독 물질은?

① 불소
② 납
③ 주석
④ 구리

34

채소로부터 감염되는 기생충으로 옳은 것은?

① 회충, 선모충
② 요충, 무구조충
③ 십이지장충, 동양모양선충
④ 유구조충, 톡소플라스마

---

30 복어 : 테트로도톡신
감자 : 솔라닌, 셉신
섭조개 : 삭시톡신
모시조개, 바지락, 굴 : 베네루핀
독미나리 : 시큐톡신
청매 : 아미그달린

31 복어독인 테트로도톡신은 열에 파괴되지 않으므로 반드시 제거하여 섭취해야 한다.

32 미나마타병은 미나마타시에서 메틸수은이 포함된 어패류를 먹은 주민들에게서 집단적으로 발생한 병이다.

33 주석은 통조림 내부 도장에 사용되며, 구토, 설사, 복통을 일으킨다.

34 • 선모충, 유구조충(갈고리촌충) : 돼지
• 무구조충 : 소
• 톡소플라스마 : 고양이, 쥐, 조류

25	③	26	③	27	①	28	④	29	④
30	④	31	①	32	①	33	③	34	③

35

제1중간 숙주가 다슬기인 기생충은?

① 간디스토마   ② 폐디스토마

③ 아니사키스충   ④ 유극악구충

● ▲ X

35 • 간디스토마 : 왜우렁이
   • 아니사키스충 : 바다새우류
   • 유극악구충 : 물벼룩

36

소독의 지표가 되는 소독제는?

① 승홍수   ② 역성비누

③ 석탄산   ④ 크레졸

● ▲ X

36 • 승홍수 : 금속 부식이 있으며, 손, 피부 소독에 사용
   • 역성비누 : 무색, 무취, 무미하며 침투력이 강함
   • 크레졸 : 석탄산보다 2배 강한 소독력

37

식품첨가물과 사용 식품의 연결이 옳은 것은?

① 안식향산 – 치즈, 버터   ② 소르빈산 – 어육연제품

③ 데히드로초산 – 빵, 생과자   ④ 프로피온산 – 청량음료

● ▲ X

37 • 안식향산 : 간장, 청량음료
   • 데히드로초산 : 치즈, 버터, 마가린, 된장
   • 프로피온산 : 빵, 생과자

35 ②	36 ③	37 ②	

작업 환경 위생관리

1 공정별 위해요소 관리 및 예방

1 식품안전관리인증기준(HACCP) 제도와 위생관리

(1) HACCP의 정의★

식품의 원료, 제조, 가공 및 유통의 모든 과정에서 위해물질이 식품에 혼입되거나 오염되는 것을 사전에 방지하기 위하여 각 과정을 중점적으로 관리하는 기준

(2) 준비 5단계

① HACCP팀 구성

② 제품설명서 확인

③ 제품 용도 확인

④ 공정흐름도 작성

⑤ 공정흐름도 현장 확인

(3) HACCP 제도의 7단계 수행절차★

① 식품의 위해요소 분석

② 중점관리점 결정

③ 중점관리점에 대한 한계기준 설정

④ 중점관리점의 감시 및 측정방법의 설정

⑤ 위해 허용한도 이탈시의 시정조치 설정

⑥ 검증절차의 설정

⑦ 기록보관 및 문서화 절차 확립

(4) HACCP 대상 식품(식품위생법 시행규칙 제62조, 2024.8.7.)

① 수산가공식품류의 어육가공품류 중 어묵·어육소시지

② 기타수산물가공품 중 냉동 어류·연체류·조미가공품

③ 냉동식품 중 피자류·만두류·면류

④ 과자류, 빵류 또는 떡류 중 과자·캔디류·빵류·떡류

⑤ 빙과류 중 빙과

⑥ 음료류(다류 및 커피류 제외) → 비가열 음료

⑦ 레토르트 식품

⑧ 절임류 또는 조림류의 김치류 중 김치

⑨ 코코아가공품 또는 초콜릿류 중 초콜릿

⑩ 면류 중 유탕면 또는 곡분, 전분, 전분질원료 등을 주원료로 반죽하여 손이나 기계 따위로 면을 뽑아내거나 자른 국수로서 생면·숙면·건면

⑪ 특수용도식품

⑫ 즉석섭취·편의식품류 중 즉석섭취식품

⑬ 즉석섭취·편의식품류 중 즉석섭취식품 중 순대

⑭ 식품 제조·가공업의 영업소 중 전년도 총 매출이 100억 원 이상인 영업소에서 제조·가공하는 식품

(5) HACCP 제도를 위한 위생관리

① 작업장 : 공정 간 오염 방지, 온도 습도 관리, 환기 시설, 방충·방서 관리

② 종업원 : 위생복·위생모·위생화를 항시 착용하고 개인용 장신구의 착용 금지

③ 기구, 용기, 앞치마, 고무장갑 등은 교차오염 방지 위해 식재료 특성 또는 구역별로 구분하여 사용

④ 해동 : 냉장해동(10℃ 이하), 전자레인지 해동 또는 흐르는 물에서 실시, 조리 후 남은 재료는 재냉동 불가

⑤ 조리과정 중 냉각 시 4시간 이내에 60℃에서 5℃ 이하로 냉각

⑥ 보존식 : 조리한 식품은 매회 1인분 분량을 −18℃ 이하에서 144시간 이상 보관

⑦ 조리 후 식품 보관(보온고 65℃ 이상, 냉장고 5℃ 이하, 냉동고 −18℃ 이하)

⑧ 조리장에는 식기류 소독 위한 살균 소독기 또는 열탕 소독 시설 구비

아는 문제(O), 헷갈리는 문제(△), 모르는 문제(x) 표시해 복습에 활용하세요.

1

● | ▲ | X

HACCP의 7단계 수행 절차에 해당하지 않는 것은?

① 위해요소 분석　　　　② HACCP 팀 구성

③ 중요관리점 확인　　　④ 모니터링 방법의 설정

1 HACCP 팀 구성은 준비 5단계에 해당한다.

2

● | ▲ | X

HACCP의 준비 단계로 틀린 것은?

① 제품설명서 확인　　　② 제품 용도 확인

③ 공정흐름도 작성　　　④ 한계기준 설정

2 한계기준 설정은 HACCP 7단계 수행 절차 중 3번째 단계이다.

3

● | ▲ | X

HACCP의 수행 단계 중 가장 먼저 실시하는 것은?

① 중점관리점 결정　　　② 위해요소 분석

③ 검증절차의 설정　　　④ 개선 조치 방법 설정

3 7단계 중 가장 먼저 실시해야 하는 것은 위해요소 분석이다.

4

● | ▲ | X

HACCP의 의무적용 대상 식품으로 틀린 것은?

① 빙과　　　　　　　　② 껌류

③ 과자 · 캔디류 · 빵류 · 떡류　　④ 레트로트 식품

4 껌류는 포함되지 않는다.

정답

| 1 ② | 2 ④ | 3 ② | 4 ② | |

5

HACCP의 특징으로 옳은 것은?

① 주로 완제품을 관리하기 위함이다.

② 사전적 관리보다 사후적 관리의 개념이다.

③ 분석 방법에 장시간이 소요된다.

④ 가능성이 있는 모든 위해요소를 예측하고 대응할 수 있다.

6

HACCP에 대한 설명으로 틀린 것은?

① 어떤 위해를 미리 예측하여 그 위해요인을 사전에 파악하는 것이다.

② 위해 방지를 위한 사전 예방적 식품안전관리체계를 말한다.

③ 미국, 일본, 유럽연합, 국제기구(Codex, WHO) 등에서도 모든 식품에 HACCP을 적용할 것을 권장하고 있다.

④ HACCP 12절차의 첫 번째 단계는 위해요소 분석이다.

5 식품의 원료, 제조, 가공 및 유통의 모든 과정에서 위해 물질이 식품에 혼입되거나 오염되는 것을 사전에 방지하기 위하여 각 과정을 중점적으로 관리하는 것이 HACCP이다.

6 HACCP 12절차의 첫 번째 단계는 HACCP팀 구성이다.
위해요소 분석은 HACCP 7단계의 첫 번째 단계이다.

5 ④   6 ④

안전관리

1 개인안전점검

1 주요 재해 유형

넘어짐	• 미끄러지거나 걸려 넘어지는 넘어짐 재해는 가장 흔히 일어나는 재해 • 작업장 바닥과 계단에서 가장 빈번하게 일어나는 대표적인 재해 형태 • 작업장 바닥이나 계단을 미끄럽게 만드는 물이나 음식 잔재물, 기름기 등이 주요 원인 • 제품이나 작업 기계·기구를 옮길 때를 비롯하여 청소하는 과정에서 불안정한 작업 자세를 취하게 되면서 발생하는 경우가 많음
화상	• 불을 이용하여 떡을 제조하거나 뜨거운 충전물 등을 용기에 담거나 나르는 과정에서 발생 • 뜨거운 제품이 담긴 용기 등을 맨손으로 취급하거나 고열의 가열 기구에 신체가 접촉하여 발생
감김·끼임· 찔림·베임·절단	• 떡을 제조하면서 사용하게 되는 분쇄기, 찜기, 오븐, 절단기, 믹서, 칼 등을 취급하는 과정이 나 청소하는 과정에서 발생하는 사고 • 원·부재료 투입 시 수공구를 사용하지 않고 맨손으로 투입하거나 이물질 제거 또는 기계 청 소 시 전원을 차단하지 않고 작업을 수행하다가 발생
근골격계 질환★	• 쌀 등의 원·부재료 운반, 제품 운반, 장시간 반복적인 제조 및 세척 등 신체에 무리를 주는 작업 자세와 중량물의 취급, 반복적인 작업 등으로 인해 척추 부상이나 요통 등 발생
낙하	• 적재된 원·부재료나 작업 도구 등이 아래로 떨어지면서 신체에 충격을 가해 일어나는 부상 사고
충돌	• 기계·기구 등에 손이나 발 등이 부딪혀 부상을 당하는 사고
추락	• 덤웨이터가 고장으로 위층에 도착해 있지 않은 상황에서 문이 열렸을 때 물건을 싣거나 내 리려고 무심코 들어가다가 아래로 추락하는 사고

2 도구 및 장비류의 안전점검

1 분쇄기, 절단기 등 전처리 도구·장비 취급 시 위험·위해 요소

분쇄기, 절단기, 다짐기, 탈피기, 절구, 체 등을 사용하여 쌀, 감자, 고구마, 채소 등을 적당한 크기로 분쇄하거나 자르거나 껍질을 벗겨 내는 등의 작업을 할 때

① 장비 본체의 절연 피복 손상으로 감전

② 젖은 손으로 플러그를 콘센트에 꽂다가 감전

③ 손으로 원·부재료 투입 시 끼임

④ 덮개를 개방한 상태로 작업 중 원·부재료나 톱날 조각이 날아와 맞음

⑤ 일반 장갑을 낀 상태에서 회전하는 톱날이나 칼날에 베임

⑥ 전원을 켜 놓은 채로 이물질 제거 등 청소 작업을 하다가 손이 끼이거나 베임

⑦ 장비 작동 중 진동에 의해 설비가 떨어짐

⑧ 기름기가 바닥에 남아 있어 미끄러져 넘어짐

⑨ 쌀 등 중량물 취급으로 근골격계 질환 발생

2 반죽기, 성형기 등 제조 도구·장비 취급 시 위험·위해 요소

쌀가루 등을 반죽하여 성형하는 경우

① 본체 절연의 손상 등으로 누전에 의한 감전

② 손으로 원·부재료를 밀어 넣는 중에 옷소매 등이 회전날에 감김

③ 전원이 켜진 채로 이물질 제거 등 청소 작업 시 손이 끼임

④ 동력 전달부에 접촉되어 신체 일부가 감김

⑤ 쌀가루, 반죽 덩어리 등 중량물 취급으로 요통 등 근골격계 질환 발생

3 찜기, 튀김기, 오븐 등 가열 도구·장비의 취급 시 위험·위해 요소

떡 제조를 위한 가열 도구·장비의 열원에는 가스와 전기 등

① 회전체에 작업자 신체가 접촉해 끼임

② 장비 본체의 절연 손상 등으로 누전 발생 시 감전

③ 고온의 스팀, 내부 열판, 뜨거운 제품·식용유, 화재에 의한 화상

④ 가스를 사용하는 장비의 호스 및 배관에서 누출된 가스에 의한 화재·폭발

⑤ 바닥에 떨어진 물기, 식용유에 의한 미끄러짐

⑥ 부적절한 작업 자세 및 찜기 등 중량물 취급으로 생기는 요통 등 근골격계 질환 발생

4 도구 및 장비류의 안전 예방 원칙

① 모든 조리장비와 도구는 사용방법과 기능을 충분히 숙지하고 전문가의 지시에 따라 정확히 사용

② 장비의 사용용도 이외의 사용 금지

③ 장비나 도구에 무리가 가지 않도록 유의

④ 장비나 도구에 무리가 있을 경우 즉시 사용을 중단하고 적절한 조치

⑤ 전기를 사용하는 장비나 도구의 경우 전기사용량과 사용법을 확인한 후 사용

⑥ 사용도중 모터에 물이나 이물질 들이 들어가지 않도록 항상 주의하고 청결 유지

아는 문제(○), 헷갈리는 문제(△), 모르는 문제(x) 표시해 복습에 활용하세요.

1   ● ▲ X

떡 제조 시 개인 안전 재해 유형으로 틀린 것은?

① 베임   ② 화상
③ 근골격계 질환   ④ 빈혈

2   ● ▲ X

작업장에서 안전사고가 발생했을 때 가장 우선하여 조치해야 할 것은?

① 즉시 작업을 중단하고 관리자에게 보고한다.
② 사고원인이 되는 장비 및 물질을 회수한다.
③ 본인이 직접 역학조사를 실시한다.
④ 모든 작업자를 대피시킨다.

3   ● ▲ X

떡 제조 작업 시 근골격계 질환을 예방하는 방법으로 옳은 것은?

① 작업 전 간단한 스트레칭으로 신체 긴장 완화
② 작업대 정리 정돈
③ 작업 보호구 사용
④ 조리 기구의 올바른 사용 방법 숙지

4   ● ▲ X

재해의 유형과 원인이 바르게 연결된 것은?

① 절단 – 오븐, 스팀 등에 의해 발생
② 넘어짐 – 끓는 식용유 취급
③ 화상 – 깨진 그릇이나 유리 조각 취급
④ 끼임 – 불량한 작업복

---

1 조리 작업 시 개인 안전 재해 유형으로는 베임, 절단, 화상, 미끄러짐, 넘어짐, 전기감전, 피부질환, 화재발생, 근골격계 질환 등이 있다. 빈혈은 안전 재해 유형에 포함되지 않는다.

2 안전사고 발생 시 가장 우선하여 조치해야 할 부분은 작업을 중단하고 관리자에게 보고하는 것이다.

3 근골격계 질환을 예방하기 위해서는 안전한 자세로 작업하고 작업 전 간단한 스트레칭을 통해 신체 긴장을 완화하는 것이 좋다.

4 • 절단 : 칼, 슬라이서, 자르는 기계 및 분쇄기 사용
• 넘어짐 : 미끄럽고 어수선한 바닥 및 부적절한 조명 사용
• 화상 : 스팀, 오븐, 가스 등에 의해 발생

| 1 ④ | 2 ① | 3 ① | 4 ④ |

5

$\boxed{\bullet\ \blacktriangle\ \times}$

개인의 안전 점검 사항 중 틀린 것은?

① 안전 예방 교육을 사전에 실시한다.

② 작업자가 장비류의 사용법을 미리 숙지하도록 한다.

③ 작업자의 숙련도가 낮은 경우 업무량을 맞추기 위해 절차와 과정을 생략해도 된다.

④ 작업자의 피로도가 높은 경우 충분한 휴식을 취하며 안전에 더욱 주의하도록 한다.

6

$\boxed{\bullet\ \blacktriangle\ \times}$

떡 제조 작업장의 도구 및 장비류의 안전 점검 사항으로 틀린 것은?

① 잦은 소독에도 견딜 수 있어야 한다.

② 단단한 내구성을 지녀야 한다.

③ 복잡하고 정교한 구조여야 한다.

④ 부식에 강해야 한다.

5 작업자의 숙련도가 낮은 경우 작업 시 더욱 위험에 노출되기 쉬우므로 정확한 절차를 밟고 과정을 서두르지 않도록 한다.

6 복잡하고 정교할수록 세척이 어려우므로 세척하기 쉬운 구조가 청결 유지에 바람직하다.

5 ③ 6 ③

80 떡제조기능사 필기실기

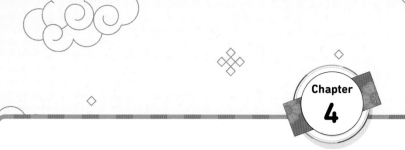

식품위생법 관련 법규 및 규정

1 식품위생법(식품위생법 2024.9.20. 식품위생법 시행령 2024.7.24.)

1 식품위생법의 목적(식품위생법 제1조)

① 식품으로 인하여 생기는 위생상의 위해 방지

② 식품영양의 질적 향상 도모

③ 식품에 관한 올바른 정보 제공

④ 국민 건강의 보호·증진에 이바지함

2 용어 정의(식품위생법 제2조)

식품★	• 모든 음식물(의약으로 섭취하는 것 제외)
식품첨가물★	• 식품을 제조·가공·조리 또는 보존하는 과정에서 감미, 착색, 표백 또는 산화방지 등을 목적으로 식품에 사용되는 물질
기구	• 음식을 먹을 때 사용하거나 담는 것 • 식품 또는 식품첨가물을 채취·제조·가공·조리·저장·소분·운반·진열할 때 사용하는 것
영업	• 식품 또는 식품첨가물을 채취·제조·가공·조리·저장·소분·운반 또는 판매하거나 기구 또는 용기·포장을 제조·운반·판매하는 업

3 식품 등의 취급(식품위생법 제3조)

① 누구든지 판매를 목적으로 식품 또는 식품첨가물을 채취·제조·가공·사용·조리·저장·소분·운반 또는 진열을 할 때에는 깨끗하고 위생적으로 하여야 한다.

② 영업에 사용하는 기구 및 용기·포장은 깨끗하고 위생적으로 다루어야 한다.

③ 식품, 식품첨가물, 기구 또는 용기·포장의 위생적인 취급에 관한 기준은 총리령으로 정한다.

4 식품 등의 공전(식품위생법 제14조)★

식품의약품안전처장은 식품 또는 식품첨가물의 기준과 규격, 기구 및 용기·포장의 기준과 규격을 실은 식품 등의 공전을 작성·보급하여야 한다.

5 식품위생 감시원의 직무(식품위생법 시행령 제17조)

① 식품 등의 위생적인 취급에 관한 기준의 이행 지도

② 수입·판매 또는 사용 등이 금지된 식품 등의 취급 여부에 관한 단속

③ 표시 또는 광고기준의 위반 여부에 관한 단속

④ 출입·검사 및 검사에 필요한 식품 등의 수거

⑤ 시설기준의 적합 여부의 확인·검사

⑥ 영업자 및 종업원의 건강진단 및 위생교육의 이행 여부의 확인·지도

⑦ 조리사 및 영양사의 법령 준수사항 이행 여부의 확인·지도

⑧ 행정처분의 이행 여부 확인

⑨ 식품 등의 압류·폐기 등

⑩ 영업소의 폐쇄를 위한 간판 제거 등의 조치

⑪ 그 밖에 영업자의 법령 이행 여부에 관한 확인·지도

6 식품접객업(식품위생법 시행령 제21조)

휴게음식점영업	주로 다류, 아이스크림류 등을 조리·판매하거나 패스트푸드점, 분식점 형태의 영업 등 음식류를 조리·판매하는 영업으로서 음주행위가 허용되지 아니하는 영업
일반음식점영업	음식류를 조리·판매하는 영업으로서 식사와 함께 부수적으로 음주행위가 허용되는 영업
단란주점영업	주로 주류를 조리·판매하는 영업으로서 손님이 노래를 부르는 행위가 허용되는 영업
유흥주점영업	주로 주류를 조리·판매하는 영업으로서 유흥종사자를 두거나 유흥시설을 설치할 수 있고 손님이 노래를 부르거나 춤을 추는 행위가 허용되는 영업

7 영업허가 등(식품위생법 제37조)

(1) 허가를 받아야 하는 영업 및 허가관청(식품위생법 시행령 제23조)

① 식품조사처리업 : 식품의약품안전처장

② 단란주점영업, 유흥주점영업 : 특별자치시장·특별자치도지사 또는 시장·군수·구청장

(2) 영업신고를 받아야 하는 업종(식품위생법 시행령 제25조)

① 즉석판매제조·가공업

② 식품운반업

③ 식품소분·판매업

④ 식품냉동·냉장법

⑤ 용기·포장류 제조업

⑥ 휴게음식점영업, 일반음식점영업, 위탁급식영업, 제과점영업

(Tip) **영업신고의 대상** ★
특별자치시장·특별자치도지사·시장·군수·구청장

(3) 영업신고를 하지 않아도 되는 업종(식품위생법 시행령 제25조)

① 양곡가공업 중 도정업을 하는 경우

② 수산물가공업의 신고를 하고 해당 영업을 하는 경우

③ 축산물가공업의 허가를 받아 해당 영업을 하거나 식육즉석판매가공업 신고를 하고 해당 영업을 하는 경우

④ 건강기능식품제조업 및 건강기능식품판매업의 영업허가를 받거나 영업신고를 하고 해당 영업을 하는 경우

⑤ 식품첨가물이나 다른 원료를 사용하지 아니하고 농산물·임산물·수산물을 단순히 자르거나, 껍질을 벗기거나, 말리거나, 소금에 절이거나, 숙성하거나, 가열하는 등의 가공 과정 중 위생상 위해가 발생할 우려가 없고 식품의 상태를 관능검사로 확인할 수 있도록 가공하는 경우

⑥ 농업인과 어업인 및 영농조합법인과 영어조합법인이 생산한 농산물·임산물·수산물을 집단급식소에 판매하는 경우

8 건강진단(식품위생법 제40조)

(1) 건강진단 횟수(식품위생 분야 종사자의 건강진단 규칙 제2조)

매년 1회

(2) 영업에 종사하지 못하는 질병의 종류(식품위생법 시행규칙 제50조)

① 결핵(비감염성인 경우는 제외)

② 업무 종사의 제한을 받는 감염병 환자 등(감염병의 예방 및 관리에 관한 법률 시행규칙 제33조)

- 콜레라
- 장티푸스
- 파라티푸스
- 세균성이질
- 장출혈성대장균감염증
- A형간염

③ 피부병 또는 그 밖의 고름형성(화농성) 질환

④ 후천성면역결핍증

(Tip) 썩거나 상하거나 설익어서 인체의 건강을 해칠 우려가 있는 것을 판매할 목적으로 조리·저장·소분·운반·진열한 자는 10년 이하의 징역 또는 1억 원 이하의 벌금에 처함

식품표시광고법(식품 등의 표시·광고에 관한 법률 2024.7.3.)

1 용어 정의(식품표시광고법 제2조)

표시★	식품, 식품첨가물, 기구, 용기·포장, 건강기능식품, 축산물 및 이를 넣거나 싸는 것에 적는 문자·숫자 또는 도형
영양표시	식품, 식품첨가물, 건강기능식품, 축산물에 들어있는 영양성분의 양 등 영양에 관한 정보를 표시하는 것

2 표시의 기준(식품표시광고법 제4조)

(1) 식품, 식품첨가물 또는 축산물

① 제품명, 내용량 및 원재료명

② 영업소 명칭 및 소재지

③ 소비자 안전을 위한 주의사항

④ 제조연월일, 소비기한 또는 품질유지기한

(2) 기구 또는 용기·포장

① 재질

② 영업소 명칭 및 소재지

③ 소비자 안전을 위한 주의사항

> **Tip** **떡류 포장 시 제품 표시사항★**
>
> 제품명, 식품의 유형, 영업장(소)의 상호(명칭)와 소재지, 소비기한, 원재료명, 포장·용기 재질, 품목보고번호 등을 표시

3 영양표시

(1) 영양표시(식품표시광고법 제5조)

① 식품 등을 제조·가공·소분하거나 수입하는 자는 총리령으로 정하는 식품 등에 영양표시를 하여야 한다.

② 영양표시가 없거나 표시방법을 위반한 식품 등은 판매하거나 판매할 목적으로 제조·가공·소분·수입·포장·보관·진열 또는 운반하거나 영업에 사용해서는 안 된다.

(2) 표시 대상 영양성분(식품표시광고법 시행규칙 제6조)

① 열량

② 나트륨

③ 탄수화물

④ 당류

⑤ 지방

⑥ 트랜스지방

⑦ 포화지방

⑧ 콜레스테롤

⑨ 단백질

⑩ 영양표시나 영양강조표시를 하려는 경우에는 1일 영양성분 기준치에 명시된 영양성분

1 ● ▲ x

식품, 식품첨가물, 기구 또는 용기·포장의 위생적인 취급에 관한 기준의 명령권자는?

① 대통령령   ② 총리령

③ 농림축산식품부장관령   ④ 식품의약품안전처장령

> 1 식품, 식품첨가물, 기구 또는 용기·포장의 위생적인 취급에 관한 기준은 총리령이다.

2 ● ▲ x

떡 제조·판매 영업의 신고 대상으로 틀린 것은?

① 시·도지사   ② 시장

③ 군수   ④ 구청장

> 2 떡은 제과점영업에 속하며 이는 식품위생법 시행령 제25조에 따라 특별자치시장·특별자치도지사·시장, 군수 또는 구청장에게 영업신고를 하여야 한다.
> 일반 시·도지사는 영업신고 대상이 아니다.

3 ● ▲ x

영업신고를 해야 하는 업종이 아닌 것은?

① 일반음식점영업   ② 유흥주점영업

③ 식품 소분·판매업   ④ 위탁급식영업 및 제과점영업

> 3 유흥주점영업은 영업허가를 받아야 한다.

4 ● ▲ x

썩거나 상하거나 설익어서 인체의 건강을 해칠 우려가 있는 위해 식품을 판매한 영업자에게 부과되는 벌칙은?(단, 해당 죄로 금고 이상의 형을 선고받거나 그 형이 확정된 적이 없는 자에 한함)

① 1년 이하의 징역 또는 1천만 원 이하 벌금

② 3년 이하의 징역 또는 3천만 원 이하 벌금

③ 5년 이하의 징역 또는 5천만 원 이하 벌금

④ 10년 이하의 징역 또는 1억 원 이하 벌금

> 4 인체의 건강을 해할 우려가 있는 식품 또는 식품첨가물을 판매하여 규정을 위반한 경우 10년 이하의 징역 또는 1억 원 이하의 벌금의 벌칙이 부과된다.

5

떡 제조·판매 시 식품 등의 표시 기준에 의해 표시해야 하는 대상 성분으로 틀린 것은?

① 지방 ② 칼슘

③ 나트륨 ④ 열량

6

식품위생법상 조리사 면허를 받을 수 없는 사람은?

① 미성년자

② 마약중독자

③ B형 간염환자

④ 조리사 면허의 취소처분을 받고 그 취소된 날부터 1년이 지난 자

5 식품 등의 표시 기준에 의해 표시해야 하는 영양성분에는 열량, 나트륨, 탄수화물 및 당류, 지방, 콜레스테롤, 단백질 등이 있다.

6 조리사 면허를 받을 수 없는 자 : 정신질환자, 감염병 환자, 마약이나 그 밖의 약물 중독자, 조리사 면허의 취소처분을 받고 그 취소된 날부터 1년이 지나지 아니한 자

정답

1 ②	2 ①	3 ②	4 ④	5 ②
6 ②				

《오메기떡》

Part 4
우리나라 떡의 역사 및 문화

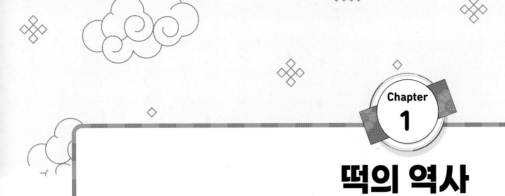

떡의 역사

1 떡의 정의

곡식을 가루로 만들어 찌거나, 삶거나, 빚거나, 기름에 지져서 만든 음식

2 떡의 어원★

찌기 → 떼기 → 떠기 → 떡

Tip **떡을 뜻하는 한자**
병(餠), 이(餌), 자(瓷), 고(糕), 편(片) 등

3 다양한 떡의 의미★

곤떡	색과 모양이 고와 고운떡이라고 하다가 곤떡으로 불리게 됨
구름떡	썬 모양이 구름 모양과 같아 구름떡이 됨
해장떡	뱃사람들이 아침에 일 나가기 전에 해장국과 함께 먹은 떡
석탄병	맛이 차마 삼키기 아깝다고 하여 붙여진 이름
쇠머리떡	굳은 다음 썰어 놓은 떡의 모양이 쇠머리편육과 같다고 하여 붙여진 이름
오쟁이떡	오쟁이(망태기)처럼 생겨서 붙여진 이름
빙떡	돌돌 말아서 만들어 빙떡, 멍석처럼 말아 감아서 멍석떡이라고 불림
차륜병	수리취절편에 수레바퀴 문양을 내어 붙여진 이름
첨세병	떡국을 먹음으로써 나이가 한 살 더해진다는 뜻으로 붙여진 이름

4 시대별 떡의 역사

상고시대	• 신석기시대에는 갈판과 갈돌 발견으로 곡식을 가루 내어 먹었음을 유추 • 청동기시대의 유적지인 나진초도패총에서 시루가 발견되어 곡식을 쪄서 먹은 것으로 유추		
삼국 및 통일신라 시대	• 고구려 안악 3호분 고분벽화에 한 아낙이 시러에 무언가를 찌고 그것을 젓가락으로 찔러보고 있는 모습이 있음 • 〈삼국사기〉 중 〈신라본기〉에 유리와 탈해가 떡을 물어 치아 개수를 확인하여 개수가 많은 유리 왕자 가 왕위에 올랐다는 기록이 있음 • 〈삼국유사〉 중 〈가락국기〉에 제향을 모실 때 '세시마다 술, 감주, 떡, 밥, 과실, 차 등의 여러가지는 갖 추어 제사를 지냈다.'는 기록이 있음 • 〈삼국유사〉에 약식은 목숨을 살려둔 까마귀에 대한 보은으로 만들었다는 유래가 있음		
고려 시대★	• 곡물생산의 증가와 불교가 번성함에 따라 차와 떡을 즐기는 풍속이 유행 • 〈해동역사〉, 〈거가필용〉 고려인이 율고(밤떡, 밤설기)를 잘 만든다고 기록 • 〈지봉유설〉 고려에는 삼사일(삼짓날)에 청애병(쑥떡)을 만들어 음식의 으뜸으로 삼았다는 기록이 있음 • 〈목은집〉에는 수단과 수수전병에 대한 기록이 있음		
조선 시대★	• 농업기술과 조리기술이 발달하고 식생활 문화의 전성기 • 〈도문대작〉은 우리나라 식품전문서로 가장 오래된 책 • 〈음식디미방〉에는 석이편법, 자루음식과 떡의 조리법, 술 담그는 법이 기록 • 〈규합총서〉에 기록되어 있는 떡의 종류		
	도행병★	복숭아와 살구로 만드는 떡	
	신과병	익은 햇밤, 풋대추를 썰고, 좋은 침감 껍질 벗겨 저미고 풋청대콩과 쌀가루에 섞어 꿀 로 버무려 햇녹두를 거피하고 뿌려 찐 떡	
	석탄병★	그 맛이 좋아 차마 삼키기 아까운 떡이라는 표현으로 기록된 감가루를 이용한 떡	
	혼돈병	찹쌀가루, 승검초가루, 꿀, 계핏가루, 후춧가루, 잣 등을 사용하여 두텁떡과 비슷하게 만든 떡	
근대 및 현대	• 한일합병과 일제강점기, 6.25전쟁 등 급격한 사회변화로 물밀듯이 밀려든 서양의 빵에 의해 떡 침체 • 경제성장과 산업화의 발달로 식재료가 다양해지고 떡의 종류도 다양해짐		

Tip 〈삼국사기〉에 백결선생이 떡을 찌지 못하는 아내를 위로하기 위해 거문고로 떡방아 소리를 내었다는 기록이 있음

Tip **음식디미방의 석이편법★**
잣을 반으로 갈라 비늘잣을 만든 후 고명으로 사용

아는 문제(○), 헷갈리는 문제(△), 모르는 문제(x) 표시해 복습에 활용하세요.

1

● ▲ X

떡 어원의 변천으로 옳은 것은?

① 찌기 – 떠기 – 떼기 – 떡

② 찌기 – 떼기 – 떠기 – 떡

③ 떼기 – 떠기 – 찌기 – 떡

④ 떼기 – 찌기 – 떠기 – 떡

2

● ▲ X

떡을 의미하는 한자어로 틀린 것은?

① 병(餠)　　　　　② 이(餌)

③ 단(刑)　　　　　④ 편(鎬)

3

● ▲ X

떡에 대한 설명으로 틀린 것은?

① 찌기 – 떼기 – 떠기 – 떡으로 변했다.

② '많은 사람에게 베푼다'는 덕에서 유래되었다.

③ 중국에서 전래되어 우리나라에 토착화되었다.

④ 각종 제례 및 농경의례, 토속 신앙을 배경으로 사용되었다.

4

● ▲ X

떡의 어원에 대한 설명으로 틀린 것은?

① 차륜병은 수리취절편에 수레바퀴 모양의 문양을 내어 붙여진 이름이다.

② 석탄병은 '맛이 삼키기 안타깝다'는 뜻에서 붙여진 이름이다.

③ 약편은 멥쌀가루에 계피, 천궁, 생강 등 약재를 넣어 붙여진 이름이다.

④ 첨세병은 떡국을 먹어서 나이를 하나 더하게 된다는 뜻으로 붙여진 이름이다.

---

1 떡의 어원은 찌다가 명사가 되어 찌기 – 떼기 – 떠기 – 떡으로 변화된 것이다.

2 떡의 의미하는 한자어는 병(餠), 이(餌), 고(餻), 자(瓷), 편(片, 鎬), 탁(飥), 병이(餠餌) 등이 있다.

3 떡은 제사, 통과의례, 명절의 행사 등에서 빼놓을 수 없는 우리나라 고유의 음식이다. 일반적으로 학자들은 삼국시대 이전 부족국가시대부터 떡을 만들어 먹었을 것으로 추정한다.

4 약편은 멥쌀가루, 대추, 막걸리, 석이, 밤 등으로 만든다.

5

떡의 어원에 대한 설명으로 틀린 것은?

① 고치떡 : 모양이 조약돌처럼 앙증맞다는 뜻

② 석탄병 : '맛이 삼키기 안타깝다.'는 뜻

③ 첨세병 : 떡국을 먹음으로써 나이를 하나 더하게 된다는 뜻

④ 쇠머리떡 : 굳은 다음 썰어 놓은 떡의 모양이 쇠머리편육과 같다는 뜻

6

도행병에서 '도행'이 의미하는 것은?

① 복숭아, 배   ② 복숭아, 살구

③ 멥쌀, 복숭아   ④ 멥쌀, 살구

7

시루가 처음 발견된 시기는?

① 신석기   ② 청동기

③ 고조선   ④ 삼국시대

8

고려시대 떡의 기록이 담긴 문헌으로 틀린 것은?

① 해동역사

② 거가필용

③ 목은집

④ 수문사설

---

5 고치떡 : 모양이 누에고치와 같다는 뜻
   주악 : 조약돌처럼 앙증맞다는 뜻

6 도(桃)는 복숭아를 행(杏)은 살구를 의미한다. 복숭아 도(桃), 살구 행(杏)

7 청동기시대의 유적지인 나진 초도 조개더미에서 시루가 처음 발견되었다.

8 수문사설은 조선시대의 문헌이다.

정답

1 ②	2 ③	3 ③	4 ③	5 ①
6 ②	7 ②	8 ④		

9

고려시대 떡의 종류가 아닌 것은?

① 율고

② 수단

③ 청애병

④ 석탄병

9 석탄병은 조선시대 규합총서에 나와있는 떡의 종류이다.

10

다음이 설명하고 있는 떡은?

밤가루와 쌀가루를 섞어 꿀물에 내려 시루에 찐 일종의 밤설기

① 율고

② 화전

③ 약식

④ 상화

10 해동역사에는 고려율고에 대한 내용이, 거가필용(원나라)에는 고려율고의 상세한 조리법이 수록되어 있다. 밤을 말려 가루를 내고 찹쌀가루와 꿀물을 넣어 반죽하여 쪄먹는 떡이 율고이다.

11

음식디미방에 기록된 석이편법에 사용하는 고물은?

① 잣고물

② 녹두고물

③ 붉은팥고물

④ 깨고물

11 석이편법은 잣을 반으로 갈라 비늘잣을 만들어 고명으로 올린다.

12

떡의 내용이 기록되어 있는 조선시대 문헌으로 틀린 것은?

① 규합총서

② 수문사설

③ 성호사설

④ 목은집

12 목은집은 고려시대 문헌이다.
• 성호사설 : 송편, 백설기, 인절미 등에 대한 기록
• 수문사설 : 오도증이라는 떡 찌는 기구에 대한 기록

13

다음 설명에 해당하는 떡은?

햇밤 익은 것, 풋대추 썰고, 좋은 침감 껍질 벗겨 저미고 풋청대콩과 쌀가루에 섞어 꿀로 버무려 햇녹두 거피하고 부려 쪄러.

〈규합총서〉

① 토란병

② 승검초단자

③ 신과병

④ 백설고

13 조선시대 '규합총서'에 수록된 신과병에 대한 내용으로, 멥쌀가루에 밤·대추·단감 등의 햇과실을 넣고 녹두고물을 두둑하게 얹어 시루에 쪄낸 햇과실 떡이다.

14

약식의 유래를 기록한 문헌은?

① 삼국사기　　　　　　② 삼국유사

③ 해동역사　　　　　　④ 지봉유설

14 약식은 삼국유사에서 목숨을 살려준 까마귀에 대한 보은으로 만들었다는 유래가 있다.

15

고려시대 떡에 대한 기록으로 틀린 것은?

① 규합총서 – 석탄병　　② 목은집 – 수단

③ 해동역사 – 율고　　　④ 지봉유설 – 청애병

15 규합총서는 조선시대 조리서이다.

16

근현대 떡의 특징으로 틀린 것은?

① 떡을 떡집에서 구입하여 먹기 시작했다.

② 근대에 들어와 단자류가 나타났다.

③ 떡의 대중화가 나타나고 있다.

④ 경제성장과 산업화로 식재료가 다양해졌다.

16 단자병(團子餠)은 증보산림경제에 처음 그 제법이 기록되어 있으며, 동국세시기에는 팔월과 시월의 시식으로 소개되어 있다.

9 ④	10 ①	11 ①	12 ④	13 ③
14 ②	15 ①	16 ②		

시·절식으로서의 떡

1 시식과 절식

시식	계절음식
절식	다달이 먹는 명절음식

2 시식과 절식으로서의 떡

구분	특징
설날(1월 1일)	• 첨세병 : 떡국(나이를 한 살 더 먹는다는 의미) • 가래떡, 인절미, 약식
정월대보름(1월 15일)★	• 약식 : 까마귀가 왕의 생명을 구해준 보답에서 유래
중화절(2월 1일)	• 노비송편(삭일송편) : 노비에게 송편을 나이대로 먹이고 새해 농사를 시작하며 신고한다는 의미
삼짇날(3월 3일)	• 진달래 화전, 절편
초파일(4월 8일)	• 느티떡
단오(5월 5일)★	• 차륜병(수리취떡), 거피팥시루떡, 도행병(복숭아와 살구를 이용한 떡)
유두(6월 15일)	• 상화병 : 밀가루를 막걸리로 발효시켜 통깨, 팥소를 넣어 둥글게 빚은 떡 • 밀전병, 보리수단
칠석(7월 7일)	• 증편, 주악, 백설기
한가위(8월 15일)	• 송편
중양절(9월 9일)★	• 국화전, 호박떡
상달(10월)★	• 무시루떡, 붉은팥시루떡, 애단자
동지(11월)	• 찹쌀경단(팥죽)
섣달그믐(12월)	• 골무병

아는 문제(○), 헷갈리는 문제(△), 모르는 문제(×) 표시해 복습에 활용하세요.

1
명절과 절식으로의 떡의 연결이 틀린 것은?

① 설날 – 첨세병
② 정월대보름 – 약식
③ 삼짇날 – 진달래 화전
④ 초파일 – 수리떡

2
명절과 절식으로의 떡의 연결이 틀린 것은?

① 유두 – 수단
② 추석 – 노비송편
③ 납일 – 골무떡
④ 상달 – 무시루떡

3
단오(수릿날)에 먹는 떡으로 수리취를 넣어 떡을 빚어 수레바퀴 문양의 떡살로 찍어낸 떡은?

① 차륜병
② 석탄병
③ 가피병
④ 첨세병

4
중양절에 대한 설명으로 틀린 것은?

① 추석에 햇곡식으로 제사를 올리지 못한 집안에서 뒤늦게 천신을 하였다.
② 밤떡과 국화전을 만들어 먹었다.
③ 시인과 묵객들은 야외로 나가 시를 읊거나 풍국놀이를 하였다.
④ 잡과병과 밀고단을 만들어 먹었다.

5
진달래 화전을 먹는 절기는?

① 삼짇날
② 칠석
③ 초파일
④ 단오

---

1 초파일에는 느티떡, 단오에는 수리떡을 만들어 먹었다.

2 추석에는 햅쌀(올벼)로 빚은 오려송편을 만들며, 중화절에 노비송편을 만들어 노비에게 나누어 준다.

3 수리취떡은 단오에 즐겨 먹은 대표적인 음식으로 수레바퀴 모양의 떡살을 박아 차륜병이라고도 부른다.

4 음력 9월 9일로 중구(重九)라고도 한다. 양이 가득한 날이라고 하여 국화주를 마시거나 시를 짓고 술을 나누는 행사를 가졌다.

5 음력 3월 3일인 삼짇날에는 들판에 나가 꽃놀이를 하고 새 풀을 밟으며 봄을 즐기는 날이다. 진달래 화전(두견화전), 쑥떡 등을 만들어 먹는다.

정답

| 1 ④ | 2 ② | 3 ① | 4 ④ | 5 ① |

6

☐●☐▲☐X

차륜병, 쑥절편 등을 절식으로 먹는 명절을 부르는 말로 틀린 것은?

① 천중절　　　　　　　② 대보름

③ 중오절　　　　　　　④ 수릿날

6 차륜병, 쑥절편은 단오의 절식이며, 단오는 천중절, 중오절, 수릿날이라고도 한다.

7

☐●☐▲☐X

느티떡, 장미화전을 만들어 먹은 명절은?

① 유두　　　　　　　　② 단오

③ 초파일　　　　　　　④ 삼진날

7 느티떡(유엽병), 장미화전은 초파일(음력 4월 8일)의 절식으로서의 떡이다.

8

☐●☐▲☐X

절식 떡의 연결이 틀린 것은?

① 3월 삼진날 - 진달래 화전　　② 칠석 - 증편

③ 10월 상달 - 상화병　　　　　④ 섣달 그믐 - 골무떡

8 10월 상달에는 붉은팥시루떡을 만들어 고사를 지냈다.

9

☐●☐▲☐X

동지에 대한 설명으로 틀린 것은?

① 아세(亞歲) 또는 작은 설이라고 한다.

② 1년 중 밤의 길이가 가장 긴 날이다.

③ 애동지에는 팥죽에 새알심을 나이 수대로 넣어 먹는다.

④ 팥의 붉은색이 악귀를 쫓아내고 액운을 막아 준다고 한다.

9 11월 10일 안에 동지가 있으면 애동지라고 하여 아이들에게 나쁜 일이 있다고 해서 팥죽 대신 팥시루떡을 만들어 먹었다.

10

☐●☐▲☐X

설날에 먹는 떡의 의미로 틀린 것은?

① 재물이 넘쳐나길 기원하는 마음으로 엽전 모양처럼 썰어 먹었다.

② 충청도 지방에서는 누에고치 모양의 조랭이떡국을 먹었다.

③ 흰 떡국은 천지 만물이 시작되는 날로 엄숙하고 청결해야 한다는 뜻이 담겨있다.

④ 긴 가래떡은 무병장수를 의미한다.

10 누에고치의 실처럼 한해의 일들이 술술 풀리기를 바라는 마음과 이성계에 대한 고려사람들의 원망이 담긴 조랭이떡국은 개성지방에서 만들어 먹었다.

6 ② | 7 ③ | 8 ③ | 9 ③ | 10 ②

통과의례와 떡

통과의례 : 사람이 태어나 죽을 때까지 필연적으로 거치게 되는 중요한 의례

1 출생, 백일, 첫돌 떡의 종류 및 의미

삼칠일	• 백설기 : 아이와 산모를 산신의 보호 아래 둔다는 신선 의미
백일★	• 백설기 : 무병장수 • 팥수수경단 : 액막이 • 오색송편 : 만물과 조화
첫돌★	• 백설기 : 무병장수 • 붉은 찰수수경단 : 액막이 • 오색송편 : 만물과 조화 • 인절미 : 끈기있는 사람으로 성장 • 무지개떡 : 조화로운 사람으로 성장

2 책례, 혼례 떡의 종류 및 의미

책례★	• 어려운 책을 한 권씩 뗄 때마다 이를 축하하고 더욱 학문에 정진하라는 격려의 의미로 행하는 의례 • 속이 꽉 찬 송편 : 학문적으로 이룬 성과 • 속이 빈 송편 : 자만하지 말고 겸손 기원
혼례	• 봉치떡 : 봉채떡, 함떡이라고 불리며 부부금실과 자손번창을 의미 • 달떡 : 둥글고 꽉 차게 잘 살기를 염원 • 색떡 : 한 쌍의 부부를 의미

> **Tip** 봉치떡★
> • 혼례의식 중 납폐일에 신랑집에서 함을 보낼 때 사용되는 떡
> • 찹쌀 3되, 팥 1되로 찹쌀시루떡을 2켜로 안치고 중앙에 대추 6개와 밤을 방사형으로 올림
> • 찹쌀 : 부부의 금실이 찰떡처럼 화목하라는 뜻
> • 2켜의 떡 : 부부 한 쌍을 상징
> • 대추와 밤 : 자손 번창

3 회갑떡의 종류 및 의미

회갑	• 화전이나 주악, 단자, 부꾸미 등을 웃기로 장식 • 백편, 꿀편, 승검초편

4 제례 떡의 종류 및 의미

제례	• 편류(녹두고물편, 꿀편, 흑임자고물편 등)의 떡 사용 • 단자, 주악 등을 웃기로 장식
납일	• 조상이나 종묘, 사직에서 제사를 지내는 날 • 골무떡

Tip 성년례
- 어른으로부터 독립하여 자기의 삶은 자기가 갈무리하라는 책임과 의무를 일깨워 주는 의례
- 각종 떡과 약식을 먹음

아는 문제(○), 헷갈리는 문제(△), 모르는 문제(x) 표시해 복습에 활용하세요.

1
○ △ x

통과의례와 떡의 연결이 틀린 것은?

① 삼칠일 – 백설기

② 백일 – 무지개떡

③ 회갑 – 백편

④ 제례 – 꿀편

2
○ △ x

제례에 사용되는 고물로 틀린 것은?

① 녹두

② 붉은팥

③ 거피팥

④ 흑임자

3
○ △ x

돌상에 사용되는 떡으로 틀린 것은?

① 백설기

② 수수경단

③ 오색송편

④ 봉치떡

4
○ △ x

봉치떡(함떡)의 재료와 의미의 연결이 틀린 것은?

① 찹쌀 : 부부가 화목하게 지내기를 기원

② 붉은팥고물 : 벽사의 의미

③ 대추 : 자손의 번창

④ 밤 : 풍요와 장수

5
○ △ x

통과의례와 떡에 대한 설명으로 옳은 것은?

① 삼칠일에는 오색송편을 준비하여 우주 만물과의 조화를 기원하였다.

② 백일에는 백설기를 준비하여 무병장수를 기원하였다.

③ 돌에는 갖가지 편류의 떡을 준비하여 조화로운 미래를 기원하였다.

④ 책례에는 속이 꽉 찬 송편만을 만들어 학문적 성과를 기원하였다.

---

1 백일에는 백설기를 올리며, 첫돌에는 조화로운 미래를 기원하며 무지개떡을 올린다.

2 붉은색은 귀신을 쫓는 의미가 있어 제사상에는 올리지 않는다.

3 봉치떡은 혼례에 올리는 떡이다.

4 봉치떡은 찹쌀로 만들며 부부의 좋은 금실을 비는 의미이다. 대추는 아들, 밤은 딸을 상징하여 자손이 번창하기를 기원하는 것이다.

5 • 삼칠일 : 백설기(신성한 산신의 보호)
  • 첫돌 : 무지개떡(조화로운 미래 기원)
  • 책례 : 속이 빈 송편(자만하지 말고 겸손할 것), 속이 꽉 찬 송편(학문적 성과 기원)
  • 회갑 : 백편, 꿀편, 승검초편을 주로 만들어 여러 단 쌓아 올림

정답

1 ②	2 ②	3 ④	4 ④	5 ②

6

붉은 찰수수경단에 대한 설명으로 옳은 것은?

① 자손이 번성하고 오래 살기를 바라는 마음을 담았다.

② 조화로운 미래를 기원하는 의미이다.

③ 성년례 전까지 해주는 풍습이 있다.

④ 말을 함부로 하지 않는다는 입마개 떡으로 불린다.

7

백일에 준비하는 떡으로 틀린 것은?

① 백설기　　　　　　② 무지개떡

③ 붉은 찰수수경단　　④ 오색송편

8

돌상에 올리는 떡으로 틀린 것은?

① 무지개떡　　　　　② 붉은 찰수수경단

③ 봉치떡　　　　　　④ 백설기

9

통과의례에 쓰이는 떡이 잘못 연결된 것은?

① 백일 – 백설기, 붉은팥고물수수경단, 오색송편

② 혼례 – 봉치떡, 달떡, 색떡

③ 회갑 – 백편, 꿀편, 승검초편

④ 제례 – 녹두고물편, 거피팥고물편, 붉은팥시루떡

10

회갑이나 제례에 고임떡 위에 장식으로 올린 떡의 명칭은?

① 웃기떡　　　　　　② 각색병

③ 상화　　　　　　　④ 절편

11

백설기의 의미로 틀린 것은?

① 순수무구하게 자라기를 바라는 의미

② 하얗고 맑게 티 없이 자라기를 바라는 의미

③ 아이와 산모를 산신이 보호한다는 의미

④ 조화를 이루며 자라기를 바라는 의미

---

6. 붉은 찰수수경단은 벽사의 의미와 더불어 액을 막는 의미로 아홉살 생일 때까지 해주는 풍습이 있다.

7. 무지개떡은 첫돌에 준비하는 떡이다.

8. 봉치떡은 혼례에 올리는 떡이다.

9. 붉은팥은 귀신을 쫓는다는 의미가 있어 제례상에 사용하지 않는다.

10. 떡을 괴어 그 위에 모양을 내려 얹어 장식하는 떡을 웃기떡이라 한다.

11. 조화를 이루며 자라기를 바라는 것은 무지개떡이다.

6 ①	7 ②	8 ③	9 ④	10 ①
11 ④				

향토 떡

1 향토 떡

각 지역의 특색 있는 식재료들을 사용하여 만든 떡

서울·경기	느티떡, 여주산병, 두텁떡, 개성조랭이떡, 개성주악, 색떡 등
강원도	감자시루떡, 감자송편, 옥수수시루떡, 옥수수설기, 메밀전병 등
충청도	증편, 해장떡, 쇠머리떡, 곤떡, 수수팥떡, 장떡, 호박송편 등
전라도	꽃송편, 콩대기떡, 감시루떡, 감단자, 깨시루떡, 보리떡 등
경상도	모시잎송편, 쑥굴레, 잣구리, 만경떡, 결명자떡 등
제주도	오메기떡, 빙떡, 달떡, 뼈대기떡 등
함경도	언감자송편, 가랍떡, 콩떡, 깻잎떡 등
평안도	조개송편, 장떡, 강냉이골무떡, 송기떡 등
황해도	혼인인절미, 오쟁이떡, 큰송편 등

1

각 지역과 향토 떡의 연결이 틀린 것은?   ● ▲ ✕

① 서울, 경기 – 두텁떡

② 충청도 – 해장떡

③ 제주도 – 빙떡

④ 함경도 – 감자떡

1 함경도는 꼬장떡, 언감자송편 등이 향토 떡이며, 감자떡은 강원도의 향토 떡이다.

2

서울·경기도 지역의 향토 떡으로 틀린 것은?   ● ▲ ✕

① 개성주악, 여주산병

② 쑥버무리, 각색경단

③ 색떡, 물호박떡

④ 해장떡, 쇠머리떡

2 해장떡, 쇠머리떡은 충청도 지방의 향토 떡이다.

3

강원도 지역의 향토 떡으로 틀린 것은?   ● ▲ ✕

① 메밀전병

② 감자시루떡

③ 고치떡

④ 찰옥수수떡

3 고치떡은 전라도 지역의 향토 떡이다.

4

경상도 지역의 향토 떡으로 틀린 것은?   ● ▲ ✕

① 찹쌀부꾸미

② 모시잎송편

③ 수리취떡

④ 상주설기

4 수리취떡은 전라도 지역의 향토 떡이다.

5

전라도 지역의 향토 떡으로 틀린 것은?

① 감시루떡 　　　　　　② 감고지떡

③ 감인절미 　　　　　　④ 오메기떡

● ▲ X

6

평안도 지역의 향토 떡으로 틀린 것은?

① 언감자송편 　　　　　　② 조개송편

③ 찰부꾸미 　　　　　　④ 송기떡

● ▲ X

5　오메기떡은 제주도 지역의 향토 떡이다.

6　언감자송편은 함경도 지역의 향토 떡이다.

정답

1 ④	2 ④	3 ③	4 ③	5 ④
6 ①				

《산병》

Part 5
실전모의고사

글자
크기

화면
배치

전체 문제 수 : 60
안 푼 문제 수 : [ ]

답안 표기란
01 ① ② ③ ④
02 ① ② ③ ④
03 ① ② ③ ④
04 ① ② ③ ④
05 ① ② ③ ④
06 ① ② ③ ④
07 ① ② ③ ④

01 떡을 만들 때 쌀 불리기에 대한 설명으로 틀린 것은?

① 쌀은 물의 온도가 높을수록 물을 빨리 흡수한다.

② 쌀의 수침 시간이 증가하면 수분함량이 많아져 호화가 잘 된다.

③ 쌀의 수침 시간이 증가하면 조직이 연화되어 입자의 결합력이 증가한다.

④ 쌀의 수침 시간이 증가하면 호화개시 온도가 낮아진다.

02 떡 제조 시 사용하는 두류의 종류와 영양학적 특성으로 옳은 것은?

① 땅콩은 지질의 함량이 많으나 필수지방산은 부족하다.

② 팥은 비타민 B_1이 많아 각기병 예방에 좋다.

③ 검은콩은 금속이온과 반응하면 색이 옅어진다.

④ 대두에 있는 사포닌은 설사의 치료제이다.

03 병과에 쓰이는 도구 중 어레미에 대한 설명으로 옳은 것은?

① 약과용 밀가루를 내릴 때 사용한다.

② 도드미보다 고운체이다.

③ 팥고물을 내릴 때 사용한다.

④ 고운 가루를 내릴 때 사용한다.

04 떡의 영양학적 특성에 대한 설명으로 틀린 것은?

① 팥시루떡의 팥은 멥쌀에 부족한 비타민 D와 비타민 E를 보충한다.

② 쑥떡의 쑥은 무기질, 비타민 A, 비타민 C가 풍부하여 건강에 도움을 준다.

③ 무시루떡의 무에는 소화효소인 디아스타제가 들어 있어 소화에 도움을 준다.

④ 콩가루인절미의 콩은 찹쌀에 부족한 단백질과 지질을 함유하여 영양상의 조화를 이룬다.

05 두텁떡을 만드는 데 사용되지 않는 조리도구는?

① 떡살　　　　② 시루

③ 번철　　　　④ 체

06 치는 떡의 표기로 옳은 것은?

① 유병(油餅)　　② 도병(搗餅)

③ 증병(甑餅)　　④ 전병(煎餅)

07 떡의 노화를 지연시키는 방법으로 틀린 것은?

① 식이섬유소 첨가

② 유화제 첨가

③ 설탕 첨가

④ 색소 첨가

08 떡을 만드는 도구에 대한 설명으로 틀린 것은?

① 조리는 쌀을 빻아 쌀가루를 내릴 때 사용한다.

② 맷방석은 멍석보다는 작고 둥글며 곡식을 널 때 사용한다.

③ 맷돌은 곡식을 가루로 만들거나 곡류를 타개는 기구이다.

④ 어레미는 굵은 체를 말하며 지방에 따라 얼맹이, 얼레미 등으로 불린다.

09 떡 조리 과정의 특징으로 틀린 것은?

① 쌀가루는 너무 고운 것보다 어느 정도 입자가 있어야 자체 수분 보유율이 있어 떡을 만들 때 호화도가 더 좋다.

② 쌀의 수침 시간이 증가할수록 쌀의 조직이 연화되어 습식제분을 할 때 전분 입자가 미세화된다.

③ 찌는 떡은 멥쌀가루보다 찹쌀가루를 사용할 때 물을 더 보충하여야 한다.

④ 펀칭 공정을 거치는 치는 떡은 시루에 찌는 떡보다 노화가 더디게 진행된다.

10 불용성 섬유소의 종류로 옳은 것은?

① 펙틴　　　　② 뮤실리지

③ 검　　　　　④ 셀룰로오스

11 찌는 떡이 아닌 것은?

① 신과병　　　② 혼돈병

③ 골무떡　　　④ 느티떡

12 떡의 주재료로 옳은 것은?

① 밤, 현미　　② 감, 차조

③ 흑미, 호두　④ 찹쌀, 멥쌀

13 쌀의 수침 시 수분 흡수율에 영향을 주는 요인으로 틀린 것은?

① 쌀의 품종

② 수침 시 물의 온도

③ 쌀의 저장 기간

④ 쌀의 비타민 함량

14 빚은 떡 제조 시 쌀가루 반죽에 대한 설명으로 틀린 것은?

① 반죽은 치는 횟수가 많아지면 반죽 중에 작은 기포가 함유되어 부드러워진다.

② 쌀가루를 익반죽하면 전분의 일부가 호화되어 점성이 생겨 반죽이 잘 뭉친다.

③ 송편 등의 떡 반죽은 많이 치댈수록 부드러우면서 입의 감촉이 좋다.

④ 반죽할 때 물의 온도가 낮을수록 치대는 반죽이 매끄럽고 부드러워진다.

15 인절미나 절편을 칠 때 사용되는 도구로 옳은 것은?

① 쳇다리, 이남박

② 떡메, 쳇다리

③ 안반, 떡메

④ 안반, 맷방석

16 설기떡에 대한 설명으로 틀린 것은?

① 무리병이라고도 한다.

② 콩, 쑥, 밤, 대추, 과일 등 부재료가 들어가기도 한다.

③ 콩떡, 팥시루떡, 쑥떡, 호박떡, 무지개떡이 있다.

④ 고물 없이 한 덩어리가 되도록 찌는 떡이다.

답안 표기란				
08	①	②	③	④
09	①	②	③	④
10	①	②	③	④
11	①	②	③	④
12	①	②	③	④
13	①	②	③	④
14	①	②	③	④
15	①	②	③	④
16	①	②	③	④

17 찰떡류 제조에 대한 설명으로 옳은 것은?

① 찰떡은 메떡에 비해 찔 때 소요되는 시간이 짧다.

② 쇠머리떡 제조 시 멥쌀가루를 소량 첨가할 경우 굳혀서 썰기에 좋다.

③ 불린 찹쌀을 여러 번 빻아 찹쌀가루를 곱게 준비한다.

④ 팥은 1시간 정도 불려 설탕과 소금을 섞어 사용한다.

18 치는 떡이 아닌 것은?

① 꽃절편   ② 개피떡

③ 인절미   ④ 쑥개떡

19 떡의 노화를 지연시키는 보관 방법으로 옳은 것은?

① 실온에 보관한다.

② 2℃ 김치냉장고에 보관한다.

③ -18℃ 냉동고에 보관한다.

④ 4℃ 냉장고에 보관한다.

20 떡류 포장 표시의 기준을 포함하며, 소비자의 알권리를 보장하고 건전한 거래질서를 확립함으로써 소비자 보호에 이바지함을 목적으로 하는 것은?

① 식품안전관리인증기준

② 식품안전기본법

③ 식품 등의 표시·광고에 관한 법률

④ 식품위생 분야 종사자의 건강진단 규칙

21 식품 등의 기구 또는 용기·포장의 표시기준으로 틀린 것은?

① 소비자 안전을 위한 주의사항

② 영업소 명칭 및 소재지

③ 재질

④ 섭취량, 섭취방법 및 섭취 시 주의사항

22 떡 반죽의 특징으로 틀린 것은?

① 쑥이나 수리취 등을 섞으면 반죽할 때 노화 속도가 지연된다.

② 많이 치댈수록 글루텐이 많이 형성되어 쫄깃해진다.

③ 익반죽할 때 물의 온도가 높으면 점성이 생겨 반죽이 용이하다.

④ 많이 치댈수록 공기가 포함되어 부드러우면서 입안에서의 감촉이 좋다.

23 전통적인 약밥을 만드는 과정에 대한 설명으로 틀린 것은?

① 양념한 밥을 오래 중탕하여 갈색이 나도록 한다.

② 불린 찹쌀에 부재료와 간장, 설탕, 참기름 등을 한꺼번에 넣고 쪄낸다.

③ 찹쌀을 불려서 1차로 찔 때 충분히 쪄야 간과 색이 잘 배인다.

④ 간장과 양념이 한쪽으로 치우쳐서 얼룩지지 않도록 골고루 버무린다.

24 저온 저장이 미생물 생육 및 효소 활성에 미치는 영향에 관한 설명으로 틀린 것은?

① 곰팡이 포자는 저온에 대한 저항성이 강하다.

② 일부의 효모는 -10℃에서도 생존 가능하다.

③ 부분 냉동 상태보다는 완전 동결 상태하에서 효소 활성이 촉진되어 식품이 변질되기 쉽다.

④ 리스테리아균이나 슈도모나스균은 냉장 온도에서도 증식 가능하여 식품의 부패나 식중독을 유발한다.

답안 표기란

17 ① ② ③ ④

18 ① ② ③ ④

19 ① ② ③ ④

20 ① ② ③ ④

21 ① ② ③ ④

22 ① ② ③ ④

23 ① ② ③ ④

24 ① ② ③ ④

25 백설기를 만드는 방법으로 틀린 것은?

① 물솥 위에 찜기를 올리고 15~20분간 찐 후 약한 불에서 5분간 뜸을 들인다.

② 쌀가루에 물을 주어 잘 비빈 후 중간 체에 내려 설탕을 넣고 고루 섞는다.

③ 찜기에 시루밑을 깔고 체에 내린 쌀가루를 꾹꾹 눌러 안친다.

④ 멥쌀을 충분히 불려 물기를 빼고 소금을 넣어 곱게 빻는다.

26 떡류의 보관관리에 대한 설명으로 틀린 것은?

① 당일 제조 및 판매 물량만 확보하여 사용한다.

② 진열 전의 떡은 서늘하고 빛이 들지 않는 곳에 보관한다.

③ 오래 보관된 제품은 판매하지 않도록 한다.

④ 여름철에는 상온에서 24시간까지는 보관해도 된다.

27 인절미를 뜻하는 단어로 틀린 것은?

① 인병　　　　② 인절병
③ 절편　　　　④ 은절병

28 설기 제조에 대한 일반적인 과정으로 옳은 것은?

① 멥쌀은 깨끗하게 씻어 8~12시간 정도 불려서 사용한다.

② 불을 끄고 20분 정도 뜸을 들인 후 그릇에 담는다.

③ 찜기에 준비된 재료를 올려 약한 불에서 바로 찐다.

④ 쌀가루는 물기가 있는 상태에서 굵은 체에 내린다.

29 인절미를 칠 때 사용되는 도구가 아닌 것은?

① 떡메　　　　② 안반
③ 절구　　　　④ 떡살

30 멥쌀가루에 요오드 용액을 떨어뜨렸을 때 변화되는 색은?

① 변화 없음　　② 적갈색
③ 청자색　　　④ 녹색

31 가래떡 제조 과정의 순서로 옳은 것은?

① 쌀가루 만들기 – 익반죽하기 – 성형하기 – 안쳐 찌기

② 쌀가루 만들기 – 소 만들어 넣기 – 안쳐 찌기 – 성형하기

③ 쌀가루 만들기 – 안쳐 찌기 – 용도 맞게 자르기 – 성형하기

④ 쌀가루 만들기 – 안쳐 찌기 – 성형하기 – 용도에 맞게 자르기

32 전통음식에서 '약(藥)' 자가 들어가는 음식의 의미로 틀린 것은?

① 꿀을 넣은 과자와 밥을 각각 약과(藥果)와 약식(藥食)이라 하였다.

② 몸에 이로운 음식이라는 개념을 함께 지니고 있다.

③ 꿀과 참기름 등을 많이 넣은 음식에 약(藥) 자를 붙였다.

④ 한약재를 넣어 몸에 이롭게 만든 음식만을 의미한다.

답안 표기란				
25	①	②	③	④
26	①	②	③	④
27	①	②	③	④
28	①	②	③	④
29	①	②	③	④
30	①	②	③	④
31	①	②	③	④
32	①	②	③	④

33 약식의 양념(캐러멜 소스) 제조 과정에 대한 설명으로 틀린 것은?

① 설탕이 갈색으로 변하면 불을 끄고 물엿을 혼합한다.

② 끓일 때 젓지 않는다.

③ 설탕과 물을 넣어 끓인다.

④ 캐러멜 소스는 130℃에서 갈색이 된다.

34 얼음 결정의 크기가 크고 식품의 텍스처 품질 손상 정도가 큰 저장 방법은?

① 완만 냉동　　② 빙온 냉동

③ 급속 냉동　　④ 초급속 냉동

35 재료의 계량에 대한 설명으로 틀린 것은?

① 액체 재료 부피 계량은 투명한 재질로 만들어진 계량컵을 사용하는 것이 좋다.

② 저울을 사용할 때 편평한 곳에서 0점(zero point)을 맞춘 후 사용한다.

③ 계량단위 1큰술의 부피는 15ml 정도이다.

④ 고체 지방 재료 부피계량은 계량컵에 잘게 잘라 담아 계량한다.

36 화학물질 취급 시 유의사항으로 틀린 것은?

① 고무장갑 등 보호복장을 착용하도록 한다.

② 작업장 내에 물질안전보건 자료를 비치한다.

③ 물 이외의 물질과 섞어서 사용한다.

④ 액체 상태인 물질을 덜어 쓸 경우 펌프기능이 있는 호스를 사용한다.

37 식품영업장이 위치해야 할 장소의 구비조건이 아닌 것은?

① 식수로 적합한 물이 풍부하게 공급되는 곳

② 전력 공급 사정이 좋은 곳

③ 환경적 오염이 발생되지 않은 곳

④ 가축 사육 시설이 가까이 있는 곳

38 100℃에서 10분간 가열하여도 균에 의한 독소가 파괴되지 않아 식품을 섭취한 후 3시간 정도 만에 구토, 설사, 심한 복통 증상을 유발하는 미생물은?

① 살모넬라균

② 황색포도상구균

③ 캠필로박터균

④ 노로바이러스

39 다음과 같은 특성을 지닌 살균소독제는?

> • 가용성이며 냄새가 없다.
> • 자극성 및 부식성이 없다.
> • 유기물이 존재하면 살균 효과가 감소된다.
> • 작업자의 손이나 용기 및 기구 소독에 주로 사용한다.

① 승홍　　　　② 석탄산

③ 크레졸　　　④ 역성비누

40 식품의 변질에 의한 생성물로 틀린 것은?

① 황화수소　　② 암모니아

③ 토코페롤　　④ 과산화물

41 썩거나 상하거나 설익어서 인체의 건강을 해칠 우려가 있는 위해식품을 판매한 영업자에게 부과되는 벌칙은?(단, 해당 죄로 금고 이상의 형을 선고받거나 그 형이 확정된 적이 없는 자에 한한다.)

① 1년 이하 징역 또는 1천만 원 이하 벌금

② 3년 이하 징역 또는 3천만 원 이하 벌금

③ 5년 이하 징역 또는 5천만 원 이하 벌금

④ 10년 이하 징역 또는 1억 원 이하 벌금

답안 표기란
33　① ② ③ ④
34　① ② ③ ④
35　① ② ③ ④
36　① ② ③ ④
37　① ② ③ ④
38　① ② ③ ④
39　① ② ③ ④
40　① ② ③ ④
41　① ② ③ ④

42 물리적 살균·소독 방법이 아닌 것은?

① 화염 멸균
② 일광소독
③ 역성비누 소독
④ 자외선 살균

43 떡 제조 시 작업자의 복장에 대한 설명으로 틀린 것은?

① 마스크를 착용하도록 한다.
② 반지나 귀걸이 등 장신구를 착용하지 않는다.
③ 작업 변경 시마다 위생장갑을 교체할 필요는 없다.
④ 지나친 화장을 피하고 인조 속눈썹을 부착하지 않는다.

44 위생적이고 안전한 식품 제조를 위해 적합한 기기, 기구 및 용기가 아닌 것은?

① 스테인리스스틸 냄비
② 산성 식품에 사용하는 구리를 함유한 그릇
③ 흡수성이 없는 단단한 단풍나무 재목의 도마
④ 소독과 살균이 가능한 내수성 재질의 작업대

45 오염된 곡물의 섭취를 통해 장애를 일으키는 곰팡이독의 종류가 아닌 것은?

① 맥각독
② 황변미독
③ 아플라톡신
④ 베네루핀

46 각 지역과 향토 떡의 연결로 틀린 것은?

① 경기도 – 여주산병, 색떡
② 제주도 – 오메기떡, 빙떡
③ 경상도 – 모싯잎송편, 만경떡
④ 평안도 – 장떡, 오쟁이떡

47 약식의 유래를 기록하고 있으며 이를 통해 신라시대부터 약식을 먹어 왔음을 알 수 있는 문헌은?

① 목은집
② 삼국사기
③ 도문대작
④ 삼국유사

48 중양절에 대한 설명으로 틀린 것은?

① 밤떡과 국화전을 만들어 먹었다.
② 추석에 햇곡식으로 제사를 올리지 못한 집안에서 뒤늦게 천신을 하였다.
③ 시인과 묵객들은 야외로 나가 시를 읊거나 풍국놀이를 하였다.
④ 잡과병과 밀단고를 만들어 먹었다.

49 음력 3월 3일에 먹는 시절 떡은?

① 약식
② 수리취절편
③ 느티떡
④ 진달래화전

50 봉치떡에 대한 설명으로 틀린 것은?

① 떡을 두 켜로 올리는 것은 부부 한 쌍을 상징하는 것이다.
② 납폐 의례 절차 중에 차려지는 대표적인 혼례음식으로 함떡이라고도 한다.
③ 밤과 대추는 재물이 풍성하기를 기원하는 뜻이 담겨 있다.
④ 찹쌀가루를 쓰는 것은 부부의 금실이 찰떡처럼 화목하게 되라는 뜻이다.

51 약식의 유래와 관계가 없는 것은?

① 백결선생
② 금갑
③ 소지왕
④ 까마귀

답안 표기란	
42	① ② ③ ④
43	① ② ③ ④
44	① ② ③ ④
45	① ② ③ ④
46	① ② ③ ④
47	① ② ③ ④
48	① ② ③ ④
49	① ② ③ ④
50	① ② ③ ④
51	① ② ③ ④

52 돌상에 차리는 떡의 종류와 의미로 틀린 것은?

① 인절미 – 학문적 성장을 촉구하는 뜻을 담고 있다.

② 오색송편 – 우주만물과 조화를 이루며 살아가라는 의미를 담고 있다.

③ 수수팥경단 – 아이의 생애에 있어 액을 미리 막아 준다는 의미를 담고 있다.

④ 백설기 – 신성함과 정결함을 뜻하며, 순진무구하게 자라라는 기원이 담겨 있다.

53 다음은 떡의 어원에 관한 설명이다. 옳은 내용을 모두 선택한 것은?

> 가. 곤떡은 '색과 모양이 곱다' 하여 처음에는 고운 떡으로 불렸다.
> 나. 구름떡은 '썬 모양이 구름 모양과 같다' 하여 붙여진 이름이다.
> 다. 오쟁이떡은 떡의 모양을 가운데 구멍을 내고 만들어 붙여진 이름이다.
> 라. 빙떡은 떡을 차갑게 식혀 만들어 붙여진 이름이다.
> 마. 해장떡은 '해장국과 함께 먹었다' 하여 붙여진 이름이다.

① 가, 나, 마   ② 나, 다, 라

③ 가, 나, 다   ④ 다, 라, 마

54 떡과 관련된 내용을 담고 있는 조선시대에 출간된 서적이 아닌 것은?

① 도문대작

② 임원십육지

③ 음식디미방

④ 이조궁정요리통고

55 아이의 장수복록을 축원하는 의미로 돌상에 올리는 떡으로 틀린 것은?

① 두텁떡   ② 오색송편

③ 백설기   ④ 수수팥경단

56 삼짇날의 절기 떡이 아닌 것은?

① 쑥떡   ② 향애단

③ 진달래화전   ④ 유엽병

57 통과의례에 대한 설명으로 틀린 것은?

① 사람이 태어나 죽을 때까지 필연적으로 거치게 되는 중요한 의례를 말한다.

② 성년례는 어른으로부터 독립하여 자기의 삶은 자기가 갈무리하라는 책임과 의무를 일깨워 주는 의례이다.

③ 납일은 사람이 살아가는 데 도움을 준 천지만물의 신령에게 음덕을 갚는 의미로 제사를 지내는 날이다.

④ 책례는 어려운 책을 한 권씩 뗄 때마다 이를 축하하고 더욱 학문에 정진하라는 격려의 의미로 행하는 의례이다.

58 떡의 어원에 대한 설명으로 틀린 것은?

① 석탄병은 '삼키기 아까울 정도로 맛이 좋다'는 뜻에서 붙여진 이름이다.

② 차륜병은 수리취절편에 수레바퀴 모양의 문양을 내어 붙여진 이름이다.

③ 약편은 멥쌀가루에 계피, 천궁, 생강 등 약재를 넣어 붙여진 이름이다.

④ 첨세병은 떡국을 먹음으로써 나이를 하나 더하게 된다는 뜻으로 붙여진 이름이다.

59 삼복 중에 먹는 절기 떡으로 틀린 것은?

① 주악   ② 증편

③ 팥경단   ④ 깨찰편

60 절기와 절식 떡의 연결이 틀린 것은?

① 단오 – 차륜병

② 삼짇날 – 진달래화전

③ 정월대보름 – 약식

④ 추석 – 삭일송편

답안 표기란

52 ① ② ③ ④
53 ① ② ③ ④
54 ① ② ③ ④
55 ① ② ③ ④
56 ① ② ③ ④
57 ① ② ③ ④
58 ① ② ③ ④
59 ① ② ③ ④
60 ① ② ③ ④

수험번호 :

수험자명 :

제한 시간 : 60분
남은 시간 : 60분

글자
크기 ⊖ Ⓜ ⊕
100% 150% 200%

화면
배치

전체 문제 수 : 60
안 푼 문제 수 :

답안 표기란

01 ① ② ③ ④
02 ① ② ③ ④
03 ① ② ③ ④
04 ① ② ③ ④
05 ① ② ③ ④
06 ① ② ③ ④
07 ① ② ③ ④
08 ① ② ③ ④
09 ① ② ③ ④

01 떡 포장재로 주로 사용하는 것은?
① 셀로판
② 호일
③ 폴리에틸렌
④ 알루미늄박

02 떡 포장의 기능으로 틀린 것은?
① 안전성
② 정보성
③ 향미 증진
④ 보존 용이성

03 서속떡의 이름과 관련 있는 곡물은?
① 율무, 팥
② 보리, 콩
③ 기장, 조
④ 귀리, 메밀

04 봉채떡에 대한 설명으로 틀린 것은?
① 시루에 찌는 떡이다.
② 2단으로 켜를 만든다.
③ 멥쌀가루로 만든다.
④ 신부집에서 만드는 떡이다.

05 떡의 노화가 가장 빨리 되는 보관 상태는?
① 실온 보관
② 냉장고 보관
③ 급속 냉동실 보관
④ 전기 보온 밥솥 보관

06 여름철 따뜻한 바닷물에서 증식된 호염균에 의한 식중독은?
① 살모넬라 식중독
② 장염비브리오 식중독
③ 병원성대장균 식중독
④ 황색포도상구균 식중독

07 루틴 함유량이 많아 혈관 벽에 저항력을 높이는 효과가 있는 곡류는?
① 밀
② 쌀
③ 보리
④ 메밀

08 켜떡류가 아닌 것은?
① 색떡
② 송피병
③ 녹두편
④ 팥시루떡

09 혼례 의식 중 납폐일에 신랑집에서 신부집으로 함을 보낼 때 사용되는 떡은?
① 봉치떡
② 석탄병
③ 은절병
④ 대추약편

10 곡물을 빻거나 찧을 때 쓰는 도구가 아닌 것은?

① 조리   ② 방아

③ 절구   ④ 맷돌

11 고임떡에 웃기로 얹는 떡으로 틀린 것은?

① 주악   ② 단자

③ 화전   ④ 꿀설기

12 음식디미방에 기록된 석이편법에 사용하는 고물은?

① 깨고물   ② 잣고물

③ 녹두고물   ④ 붉은팥고물

13 쌀의 성분 중 함량이 가장 높은 것은?

① 비타민   ② 무기질

③ 단백질   ④ 탄수화물

14 식품 변질의 직접적인 요인이 아닌 것은?

① 산   ② 온도

③ 압력   ④ 효소

15 고려시대 떡의 종류가 아닌 것은?

① 시고   ② 율고

③ 청애병   ④ 석탄병

16 어레미를 부르는 다른 이름이 아닌 것은?

① 고운체   ② 얼맹이

③ 고물체   ④ 굵은체

17 돌상에 올라가는 떡이 아닌 것은?

① 색떡   ② 백설기

③ 오색 송편   ④ 붉은팥수수경단

18 비타민 B가 많고 철분이 풍부한 것은?

① 잣   ② 밤

③ 울금   ④ 은행

19 가래떡에 대한 설명으로 틀린 것은?

① 멥쌀, 소금, 물을 넣어 만든다.

② 치는 떡의 일종으로 멥쌀가루를 사용한다.

③ 길게 밀어 만든 떡으로 백국이라고도 한다.

④ 하루 정도 말려 동그랗게 썰면 떡국용 떡이 된다.

20 절기와 시절 떡의 연결로 틀린 것은?

① 정조다례 – 가래떡

② 3월 삼짇날 – 진달래화전

③ 5월 단오 – 상화병

④ 10월 상달 – 붉은팥시루떡

21 찹쌀을 사용하여 만든 떡으로 옳은 것은?

① 색떡   ② 석탄병

③ 복령떡   ④ 봉치떡

답안 표기란

10	① ② ③ ④
11	① ② ③ ④
12	① ② ③ ④
13	① ② ③ ④
14	① ② ③ ④
15	① ② ③ ④
16	① ② ③ ④
17	① ② ③ ④
18	① ② ③ ④
19	① ② ③ ④
20	① ② ③ ④
21	① ② ③ ④

22 '상화'에 대한 설명으로 틀린 것은?

① 고려시대 후기 일본의 영향을 받아 만들어졌다.

② 고려가요 쌍화점에서 쌍화점은 상화를 판매하는 가게를 의미한다.

③ 밀가루를 막걸리로 발효시켜 소를 넣어 만들었다.

④ 귀한 밀가루 대신 쌀가루를 사용하여 증편으로 변하였다.

23 떡류 포장 시 제품 표시 사항이 아닌 것은?

① 소비기한

② 대표자명

③ 영업소 소재지 및 명칭

④ 제품명, 내용량 및 원재료명

24 생 식품류의 재배, 사육 단계에서 발생할 수 있는 1차 오염은?

① 처리장에서의 오염

② 자연환경에서의 오염

③ 제조 과정에서의 오염

④ 유통 과정에서의 오염

25 떡의 의미와 종류의 연결이 틀린 것은?

① 나눔 – 붉은팥시루떡

② 부귀 – 보리개떡, 메밀떡

③ 기원 – 붉은팥단자, 백설기

④ 미학과 풍류 – 진달래화전, 국화전

26 떡의 노화에 대한 설명으로 옳은 것은?

① 0~4℃에서 떡의 노화가 지연된다.

② 아밀로펙틴 함량이 증가할수록 노화가 지연된다.

③ 쑥, 호박, 무 등의 부재료는 떡의 노화를 촉진시킨다.

④ 찹쌀로 만든 떡보다 멥쌀로 만든 떡이 노화가 느리다.

27 수분 차단성이 좋으며 소량 생산에도 포장 규격화가 용이한 포장 재질은?

① 종이 포장재　　② 유리 포장재

③ 금속 포장재　　④ 폴리에틸렌

28 떡의 제조 과정에 대한 설명으로 틀린 것은?

① 찹쌀가루는 물을 조금만 넣어도 질어지므로 주의해야 한다.

② 단자는 찹쌀가루를 삶거나 쪄서 익힌 후 꽈리가 일도록 쳐 고물을 묻힌다.

③ 떡을 익반죽할 때는 미지근한 물을 조금씩 부어가며 쌀가루에 골고루 섞는다.

④ 송편은 멥쌀가루를 익반죽하여 콩, 깨, 밤, 팥 등의 소를 넣고 빚어 찐 떡이다.

29 절기와 절식 떡의 연결이 틀린 것은?

① 납일 – 골무떡

② 삼짇날 – 화전

③ 석가탄신일 – 느티떡

④ 중화절 – 오려송편

답안 표기란

22	① ② ③ ④
23	① ② ③ ④
24	① ② ③ ④
25	① ② ③ ④
26	① ② ③ ④
27	① ② ③ ④
28	① ② ③ ④
29	① ② ③ ④

30 치는 떡을 만들 때 사용하는 도구가 아닌 것은?

① 떡메　　　② 떡살

③ 떡판　　　④ 동구리

31 팥을 삶을 때 첫 물을 버리는 이유는?

① 색의 농도를 조절하기 위해

② 일정한 당도를 유지하기 위해

③ 비린내를 제거하여 풍미를 돋우기 위해

④ 설사를 일으킬 수 있는 성분을 제거하기 위해

32 떡에 사용하는 재료의 전처리에 대한 설명으로 틀린 것은?

① 쑥은 잎만 데쳐서 쓸 만큼 싸서 냉동한다.

② 호박고지는 물에 불려 물기를 꼭 짜서 사용한다.

③ 오미자는 따뜻한 물에 우려 각종 색을 낼 때 사용한다.

④ 대추고는 물을 넉넉히 넣고 푹 삶아 체에 내려 과육만 거른다.

33 떡의 종류 중 설기떡은?

① 송편　　　② 잡과병

③ 무시루떡　　　④ 유자단자

34 약식에 주로 사용하는 재료로 틀린 것은?

① 간장　　　② 대추

③ 참기름　　　④ 늙은 호박

35 제조 과정과 떡 종류의 연결이 옳은 것은?

① 찌는 떡 – 경단, 주악

② 지지는 떡 – 송편, 약밥

③ 치는 떡 – 인절미, 가래떡

④ 삶는 떡 – 팥고물시루떡, 콩찰떡

36 식품 포장재의 구비 조건으로 틀린 것은?

① 내용물을 보호할 수 있어야 한다.

② 맛의 변화를 억제할 수 있어야 한다.

③ 가격과 상관없이 위생적이어야 한다.

④ 식품의 부패를 방지할 수 있어야 한다.

37 베로독소를 생산하며 용혈성 요독증과 신부전증을 발생시키는 대장균은?

① 장관출혈성 대장균

② 장관침투성 대장균

③ 장관병원성 대장균

④ 장관독소원성 대장균

38 익반죽에 대한 설명으로 옳은 것은?

① 찹쌀가루의 글루텐을 호화시켜 반죽을 좋게 한다.

② 찹쌀가루의 효소를 불활성화시켜 제조 적성을 높인다.

③ 찹쌀가루를 일부 호화시켜 점성이 생기면 반죽이 수월하다.

④ 찹쌀가루의 아밀로오스 가지를 조밀하게 만들어 점성이 높아진다.

39 다음 설명에 해당하는 떡은?

> 햇밤 익은 것, 풋대추 썰고, 좋은 침감 껍질 벗겨 저미고 풋청대콩과 쌀가루에 꿀로 버무려 햇녹두 거피하고 부려 찌라
>
> – 규합총서 –

① 백설고　　　② 토란병

③ 신과병　　　④ 승검초단자

답안 표기란

30	①	②	③	④
31	①	②	③	④
32	①	②	③	④
33	①	②	③	④
34	①	②	③	④
35	①	②	③	④
36	①	②	③	④
37	①	②	③	④
38	①	②	③	④
39	①	②	③	④

40 떡의 포장 방법으로 틀린 것은?

① 떡 포장은 수분 차단성이 높은 포장지를 사용한다.

② 떡은 수분 함량이 많으므로 뜨거울 때 포장해야 한다.

③ 떡의 겉면이 마르지 않도록 실온에서는 비닐에 덮어 식힌다.

④ 떡의 포장지에는 제품명, 식품의 유형 등을 반드시 표시해야 한다.

41 가래떡에 대한 설명으로 틀린 것은?

① 권모(拳模)라고도 했다.

② 흰떡, 백병이라고도 한다.

③ 찹쌀가루를 쪄서 친 떡으로 도병이다.

④ 정월 초하루에 엽전 모양으로 썰어 떡국을 끓인다.

42 찌는 찰떡 중 성형 방법이 다른 것은?

① 깨찰편   ② 꿀찰떡

③ 구름떡   ④ 쇠머리떡

43 법랑 용기, 도자기 유약 성분으로 사용되며, 이타이이타이병 등의 만성 중독을 유발하는 유해 물질은?

① 비소   ② 수은

③ 주석   ④ 카드뮴

44 치는 떡과 관련이 없는 것은?

① 백자병, 강병   ② 가피병, 인병

③ 마제병, 골무떡   ④ 떡수단, 재증병

45 인절미를 칠 때 사용되는 도구가 아닌 것은?

① 떡메   ② 떡살

③ 절구   ④ 안반

46 더 이상 가수분해되지 않는 것으로 옳은 것은?

① 유당   ② 자당

③ 맥아당   ④ 갈락토오스

47 웃기떡으로 쓰이지 않는 떡은?

① 산병   ② 부꾸미

③ 각색단자   ④ 각색주악

48 쇠머리찰떡에 대한 설명으로 옳은 것은?

① 전라도에서 즐겨 먹는 떡이다.

② 쇠머리 고기를 넣고 만든 음식이다.

③ 모두배기 또는 모듬백이라고 불린다.

④ 멥쌀가루, 검정콩 등을 넣고 만든 떡이다.

49 떡의 명칭과 재료의 연결이 틀린 것은?

① 청애병 – 쑥

② 상실병 – 도토리

③ 서여향병 – 더덕

④ 남방감저병 – 고구마

답안 표기란	
40	① ② ③ ④
41	① ② ③ ④
42	① ② ③ ④
43	① ② ③ ④
44	① ② ③ ④
45	① ② ③ ④
46	① ② ③ ④
47	① ② ③ ④
48	① ② ③ ④
49	① ② ③ ④

50 고물 만드는 방법으로 틀린 것은?

① 거피팥고물은 각종 편, 단자, 송편의 소 등으로 쓰인다.

② 녹두고물은 푸른 녹두를 맷돌에 타서 불려 삶아 사용한다.

③ 붉은팥고물은 익힌 팥에 소금을 넣고 절구 방망이로 빻아 사용한다.

④ 밤고물은 밤을 삶아 겉껍질과 속껍질을 벗긴 후 소금을 넣고 빻아 체에 내려 사용한다.

51 통과의례에 쓰이는 떡이 잘못 연결된 것은?

① 혼례 – 달떡, 색떡, 봉치떡

② 회갑 – 백편, 꿀편, 승검초편

③ 백일 – 백설기, 오색 송편, 붉은팥수수경단

④ 제례 – 녹두고물편, 거피팥고물편, 붉은팥시루떡

52 인절미를 만드는 순서로 옳은 것은?

① 쌀 씻기 – 불리기 – 물빼기 – 빻기 – 시루 안치기 – 찌기 – 뜸 들이기 – 펀칭기로 치기 – 성형 – 고물 묻히기

② 쌀 씻기 – 불리기 – 물빼기 – 빻기 – 펀칭기로 치기 – 찌기 – 뜸 들이기 – 성형 – 고물 묻히기

③ 쌀 씻기 – 불리기 – 물빼기 – 빻기 – 시루 안치기 – 찌기 – 펀칭기로 치기 – 뜸 들이기 – 성형 – 고물 묻히기

④ 쌀 씻기 – 불리기 – 물빼기 – 시루 안치기 – 빻기 – 찌기 – 뜸 들이기 – 펀칭기로 치기 – 성형 – 고물 묻히기

53 다음은 전분의 어떤 것에 대한 설명인가?

> 전분에 물을 가하지 않고 160~180℃로 가열하거나 효소나 산으로 가수분해했을 때 전분이 가용성 전분을 거쳐 다양한 길이의 덱스트린으로 분해되는 것

① 전분의 호화   ② 전분의 노화

③ 전분의 당화   ④ 전분의 호정화

54 전분의 호화와 관련 없는 요인은?

① 용기   ② 염도

③ 수분   ④ 가열 온도

55 팥에 대한 설명으로 옳은 것은?

① 4시간 정도 불린다.

② 사포닌 성분이 있다.

③ 씻은 후 바로 오래 끓인다.

④ 팥을 삶을 때 소다를 넣으면 비타민 C가 파괴된다.

56 색과 색을 내는 재료가 잘못 연결된 것은?

① 초록색 – 쑥

② 보라색 – 흑미

③ 붉은색 – 송화

④ 검은색 – 석이버섯

답안 표기란

50	①	②	③	④
51	①	②	③	④
52	①	②	③	④
53	①	②	③	④
54	①	②	③	④
55	①	②	③	④
56	①	②	③	④

57 떡류의 보관 방법으로 틀린 것은?

① 당일 제조 제품만 판매한다.

② 오래 보관한 상품은 판매하지 않는다.

③ 진열 전의 떡은 따뜻한 곳에 보관한다.

④ 여름철에 상온에서 24시간 보관해서
   는 안 된다.

59 규합총서에 나오는 복숭아와 살구로 만드는
떡의 이름으로 옳은 것은?

① 가피병   ② 첨세병

③ 석탄병   ④ 도행병

58 사람과 동물이 같은 병원체에 의해 발생하는
인수공통감염병은?

① 결핵   ② 콜레라

③ 성홍열   ④ 디프테리아

60 세균에 의한 감염병이 아닌 것은?

① 결핵   ② 홍역

③ 콜레라   ④ 장티푸스

떡제조기능사 필기 모의고사 ❸

수험번호 :

수험자명 :

제한 시간 : 60분
남은 시간 : 60분

글자
크기 | 화면
배치

전체 문제 수 : 60
안 푼 문제 수 :

답안 표기란

01 ① ② ③ ④
02 ① ② ③ ④
03 ① ② ③ ④
04 ① ② ③ ④
05 ① ② ③ ④
06 ① ② ③ ④
07 ① ② ③ ④
08 ① ② ③ ④

01 색과 색소 성분의 연결이 틀린 것은?

① 갈색 – 카로티노이드

② 초록색 – 클로로필

③ 노란색 – 플라보노이드

④ 분홍색 – 안토시아닌

02 두류에 대한 설명으로 틀린 것은?

① 대두의 단백질은 수용성인 글리시닌
이다.

② 날콩에는 소화를 저해하는 트립신 저
해물질이 들어 있다.

③ 팥을 익힐 때 소다를 넣으면 영양 손
실이 적다.

④ 조리 시 수침 과정을 거친 뒤 삶으면
조리 시간이 단축된다.

03 초록색을 나타내는 발색제가 아닌 것은?

① 대추고   ② 모시잎

③ 쑥분말   ④ 승검초분말

04 같은 색의 발색제로 짝지어진 것은?

① 지초, 대추고

② 비트, 승검초

③ 치자, 송화가루

④ 석이버섯, 계핏가루

05 전분의 호화에 대한 설명으로 틀린 것은?

① 알칼리성에서 호화가 잘 된다.

② 가열 온도가 높을수록 호화가 잘 된다.

③ 전분의 입자가 클수록 호화가 잘 된다.

④ 수분이 적을수록 호화가 빨리 일어난다.

**06 찹쌀을 멥쌀보다 거칠게 빻는 이유는 무엇 때
문인가?**

① 글루테닌   ② 글리시닌

③ 아밀로펙틴   ④ 아밀로오스

**07 찹쌀떡이 멥쌀로 만든 떡보다 더 늦게 굳는
이유는?**

① pH가 낮기 때문이다.

② 수분 함량이 적기 때문이다.

③ 아밀로오스 함량이 많기 때문이다.

④ 아밀로펙틴 함량이 많기 때문이다.

08 3대 영양소로 틀린 것은?

① 지방   ② 단백질

③ 비타민   ④ 탄수화물

09 찰떡류 제조 과정에 대한 설명으로 틀린 것은?

① 찹쌀가루를 체에 여러 번 내려 찐다.

② 불린 찹쌀을 한 번만 빻아 거칠게 만들어 준다.

③ 찰떡은 메떡에 비해 찔 때 소요 시간이 길다.

④ 찰떡은 아밀로펙틴이 많아 점성이 강하고 차지다.

10 멥쌀로 만든 떡으로 틀린 것은?

① 경단   ② 송편

③ 백설기   ④ 가래떡

11 유전병이 아닌 것은?

① 화전   ② 빙떡

③ 곤떡   ④ 혼돈병

12 막걸리를 이용한 떡은?

① 증편   ② 절편

③ 산병   ④ 빙자병

13 어레미를 쳐서 만드는 떡이 아닌 것은?

① 송편   ② 백편

③ 느티떡   ④ 두텁떡

14 두텁떡에 사용할 거피팥고물을 만들 때 사용하는 도구가 아닌 것은?

① 냄비   ② 찜기

③ 번철   ④ 어레미

15 떡을 칠 때 사용하는 도구로 틀린 것은?

① 떡메   ② 떡판

③ 안반   ④ 이남박

16 현대 떡 기구에 대한 설명으로 틀린 것은?

① 설기체 – 쌀가루를 체에 풀어줌

② 롤러 – 불린 곡물을 가루로 분쇄함

③ 펀칭기 – 용도에 맞는 모양 틀을 꽂아 떡을 뽑아냄

④ 세척기 – 쌀과 물을 여러 번 회전시켜 물은 배수되고, 쌀은 걸러짐

17 계량하는 방법에 대한 설명으로 틀린 것은?

① 흑설탕은 꼭꼭 눌러 담아 계량한다.

② 밀가루는 직전에 체에 내린 후 눌러 담아 계량한다.

③ 버터나 마가린은 부드럽게 만든 후 계량컵에 꼭꼭 눌러 담아 윗면을 주걱으로 깎아 계량한다.

④ 액체류는 눈금 표시가 있는 투명 컵을 사용하여 눈금과 액체 표면의 아랫부분을 눈과 같은 높이로 맞추어 계량한다.

18 팥고물 제조 과정에 대한 설명으로 옳은 것은?

① 팥은 3시간 이상 불려 30~40분 익힌다.

② 팥에 소다를 넣고 익혀야 영양소를 보호할 수 있다.

③ 팥은 설탕을 넣고 익혀야 색이 더 진하게 나온다.

④ 팥이 끓어오르면 첫 물은 따라 버리고 다시 찬물을 부어 익힌다.

답안 표기란

09	① ② ③ ④
10	① ② ③ ④
11	① ② ③ ④
12	① ② ③ ④
13	① ② ③ ④
14	① ② ③ ④
15	① ② ③ ④
16	① ② ③ ④
17	① ② ③ ④
18	① ② ③ ④

19 떡의 어원에 대한 설명으로 틀린 것은?

① 석탄병은 맛이 좋아 삼키기 안타깝다는 뜻에서 붙여진 이름이다.

② 차륜병은 수리취떡에 수레바퀴 모양의 문양을 내어 붙여진 이름이다.

③ 약편은 멥쌀가루에 계피, 천궁, 생강 등 약제를 넣어 붙여진 이름이다.

④ 첨세병은 떡국을 먹으면 나이를 하나 더 하게 된다는 뜻으로 붙여진 이름이다.

20 약밥에 색을 내는 재료가 아닌 것은?

① 간장　　　　② 대추고
③ 참기름　　　④ 흑임자

21 인절미를 만드는 방법으로 틀린 것은?

① 찹쌀가루에 물을 넣어 비비고 설탕을 골고루 섞는다.

② 찜기에 접은 면포를 깔고 설탕을 뿌린다.

③ 쌀가루를 덩어리로 만들어 40분 정도 찌고 5분간 뜸을 들인다.

④ 먹기 좋은 크기로 잘라 콩가루를 묻힌다.

22 치는 떡이 아닌 것은?

① 인절미　　　② 꽃절편
③ 상추떡　　　④ 개피떡

23 다음 중 무지개떡 제조 시 가장 먼저 하는 과정은?

| ㉠ 등분하기 | ㉡ 색 내기 |
| ㉢ 찌기 | ㉣ 설탕 넣기 |

① ㉠　　　　　② ㉡
③ ㉢　　　　　④ ㉣

24 약밥을 만드는 과정에 대한 설명으로 틀린 것은?

① 불린 찹쌀에 부재료를 넣어 한 번에 찐다.

② 설탕과 물을 갈색이 나도록 졸여 캐러멜소스를 만든다.

③ 얼룩지지 않도록 간장과 다른 양념을 골고루 버무린다.

④ 1차로 찔 때 충분히 쪄야 간과 색이 잘 밴다.

25 멥쌀가루를 쪄낸 다음 절구에 치고, 길게 밀어 모양을 만든 떡은?

① 약식　　　　② 단자
③ 가래떡　　　④ 무지개떡

26 인절미에 대한 설명으로 틀린 것은?

① 켜떡에 해당한다.

② 찹쌀가루로 만드는 떡이다.

③ 인병, 은절병 등으로 불린다.

④ 혼례 때 상에 놓거나 이바지 음식으로 사용한다.

27 송편에 대한 설명으로 틀린 것은?

① 반죽과 소는 같은 비율로 한다.

② 익반죽을 해야 빚기가 용이하다.

③ 서리태는 불려서 삶아 사용한다.

④ 참기름을 발라야 떡의 건조를 막아준다.

답안 표기란

19	① ② ③ ④
20	① ② ③ ④
21	① ② ③ ④
22	① ② ③ ④
23	① ② ③ ④
24	① ② ③ ④
25	① ② ③ ④
26	① ② ③ ④
27	① ② ③ ④

28 떡 제조 시 작업자의 개인위생에 대한 설명으로 틀린 것은?

① 작업 변경 시 위생장갑을 교체한다.

② 신발은 외부용과 구분하여 착용한다.

③ 개인 장신구는 소독 후 착용이 가능하다.

④ 귀와 머리카락이 보이지 않게 모자를 착용한다.

29 떡류 보관 관리에 대한 설명으로 틀린 것은?

① 오래 보관된 제품은 판매하지 않는다.

② 당일 제조 및 판매 물량만 확보하여 사용한다.

③ 여름철에도 상온에서 24시간까지는 보관해도 된다.

④ 진열 전인 떡은 서늘하고 빛이 들지 않는 곳에 보관한다.

30 포장 용기의 표시 사항이 아닌 것은?

① 제품명

② 식품 유형

③ 제조연월일 또는 소비기한

④ 식품 제조자와 업소명 및 소재지

31 식품 포장의 기능에 대한 설명으로 틀린 것은?

① 유통이 편리해진다.

② 품질 보존만을 목적으로 한다.

③ 상품성이 높아져 판매가 촉진된다.

④ 파손을 방지하고 노화를 지연시킨다.

32 떡의 보관 방법 중 노화가 가장 빨리 일어나는 방법은?

① 실온에 보관한다.

② 냉장실에 보관한다.

③ 냉동실에 보관한다.

④ 급속 냉동하여 보관한다.

33 인체에 무해 하고 수분 차단성이 좋으며 소량 생산에도 포장 규격화가 가능해 식품의 포장재로 가장 많이 사용되는 포장 재질로 옳은 것은?

① 셀로판　　　　② 은박지

③ 폴리에틸렌(PE)　④ 폴리스티렌(PS)

34 떡의 포장 재질에 대한 설명으로 틀린 것은?

① 아밀로스 필름 : 물에 녹지 않으며 신축성이 좋다.

② 폴리에틸렌(PE) : 증기의 투과성이 좋고 내유성이 좋다.

③ 알루미늄박 : 자외선에 의해 변질되는 식품의 포장에 적합하다.

④ 폴리스틸(PS) : 가격이 저렴하고 가공성이 용이하며 투명, 무색, 광학적 성질이 우수하다.

35 작업자가 개인 안전 관리를 위해 안전 관리 점검표에 따라 매일 점검하고 기록·관리해야 하는 사항이 아닌 것은?

① 점검 일자

② 근무시간

③ 개선 조치 사항

④ 제조공정별 개인 안전 관리 상태

답안 표기란

28	① ② ③ ④
29	① ② ③ ④
30	① ② ③ ④
31	① ② ③ ④
32	① ② ③ ④
33	① ② ③ ④
34	① ② ③ ④
35	① ② ③ ④

36 살균·소독법에 대한 설명으로 틀린 것은?

① 자비멸균법 - 130~140℃에서 2초간 살균하는 방법

② 자외선살균법 - 2,500~2800Å의 자외선을 이용한 살균법

③ 고온단시간살균법 - 70~75℃에서 15~30초간 살균하는 방법

④ 건열멸균법 - 150~160℃ 정도의 높은 온도에서 30~60분간 멸균하는 방법

37 미생물 증식에 필요한 수분 활성도(AW)가 높은 순으로 나열한 것은?

① 세균 〉 곰팡이 〉 효모

② 세균 〉 효모 〉 곰팡이

③ 곰팡이 〉 효모 〉 세균

④ 효모 〉 세균 〉 곰팡이

38 잠복기가 가장 짧은 식중독으로 옳은 것은?

① 장구균 식중독

② 살모넬라 식중독

③ 장염비브리오 식중독

④ 황색포도상구균 식중독

39 대장균을 위생학적으로 중요하게 생각하는 이유로 옳은 것은?

① 부패균이기 때문이다.

② 중독의 원인균이기 때문이다.

③ 대장염을 일으키기 때문이다.

④ 분변 오염의 지표이기 때문이다.

40 세균성 식중독 중 감염형이 아닌 것은?

① 살모넬라 식중독

② 장염비브리오 식중독

③ 포도상구균 식중독

④ 병원성대장균 식중독

41 다음 중 자연독 식중독의 물질과 원인 식품의 연결이 잘못된 것은?

① 듀린 - 수수

② 리신 - 파마자

③ 시큐톡신 - 독보리

④ 셉신 - 감자의 썩은 부위

42 식품 중 미생물의 발육을 억제하기 위해 수분 활성도(AW)를 낮추는 방법으로 틀린 것은?

① 냉동   ② 식염 첨가

③ 설탕 첨가   ④ 방부제 첨가

43 냉장·냉동 보관 방법의 설명으로 틀린 것은?

① 조리된 음식은 윗칸에 보관한다.

② 채소류는 신선 유지를 위해 손질하지 않고 동결한다.

③ 냉장 보관 시 수분 증발을 막기 위해 식품을 밀봉해서 보관한다.

④ -18℃ 이하가 되도록 급속 동결한 후 판매 목적으로 포장된 식품을 냉동식품이라 한다.

답안 표기란

36	① ② ③ ④
37	① ② ③ ④
38	① ② ③ ④
39	① ② ③ ④
40	① ② ③ ④
41	① ② ③ ④
42	① ② ③ ④
43	① ② ③ ④

44 영업에 종사할 수 있는 질병으로 옳은 것은?

① 세균성이질   ② 장티푸스

③ 화농성질환   ④ 비감염성 결핵

45 영업 신고를 해야 하는 업종이 아닌 것은?

① 유흥주점영업

② 일반음식점영업

③ 식품 소분·판매업

④ 위탁급식영업 및 제과점영업

46 고려시대 떡에 대한 기록으로 틀린 것은?

① 수단 – 목은집

② 율고 – 해동역사

③ 석탄병 – 규합총서

④ 청애병 – 지봉유설

47 〈삼국사기〉에서 나오는 떡을 모두 고른 것은?

⑦ 치는 떡 – 백결선생이 떡을 치지 못하는 아내를 위로하기 위해 거문고로 떡방아 소리를 내었다는 기록이 있다.
ⓝ 설기 떡 – 죽지랑이 부하인 득오가 급하게 떠난다는 것을 알고 설병 한 합과 술 한 병을 갖고 찾아가서 먹었고 설병 떡 이름이 처음 나온 기록이다.
ⓓ 치는 떡 – 유리와 탈해 두 사람이 떡을 깨물어 떡에 남은 치아 수가 많은 유리를 왕위에 올렸다.
ⓡ 제사에 떡을 사용 – 제향을 모실 때 세시마다 술, 감주, 떡, 밥, 차, 과일 등 차린 음식을 기록하였다.

① ⑦, ⓝ   ② ⑦, ⓓ

③ ⓝ, ⓓ   ④ ⓓ, ⓡ

48 약식의 유래가 기록된 문헌으로 옳은 것은?

① 삼국유사   ② 삼국사기

③ 지봉유설   ④ 해동역사

49 단오(수릿날)에 먹는 떡으로 수리취를 넣어 떡을 빚어 수레바퀴 문양의 떡살로 찍어 낸 떡은?

① 차륜병   ② 첨새병

③ 석탄병   ④ 가피병

50 혜경궁 홍씨의 회갑연에 올린 떡으로 틀린 것은?

① 약식   ② 석이병

③ 꿀설기   ④ 인절미

51 아이의 첫돌 상차림의 떡으로 옳은 것은?

① 쑥단자   ② 백설기

③ 가래떡   ④ 봉치떡

52 돌상에 올리는 떡으로 틀린 것은?

① 달떡   ② 백설기

③ 수수경단   ④ 오색송편

답안 표기란				
44	①	②	③	④
45	①	②	③	④
46	①	②	③	④
47	①	②	③	④
48	①	②	③	④
49	①	②	③	④
50	①	②	③	④
51	①	②	③	④
52	①	②	③	④

53 봉채떡에 대한 설명으로 틀린 것은?

① 납폐 의례 떡으로 함떡이라고 한다.

② 대추는 자손의 번창을 의미한다.

③ 신부집에서 만드는 혼례 떡이다.

④ 시루에 멥쌀가루와 붉은팥고물을 두 켜 안치고 대추와 밤을 둥글게 돌려 담아 찐 떡이다.

54 책례에 대한 설명으로 틀린 것은?

① 책 한 권씩 끝날 때마다 행하는 의례 이다.

② 작은 모양의 오색 송편과 경단을 만들 어 먹었다.

③ 우리나라의 식품 전문서로 가장 오래 된 책의 이름이다.

④ 떡과 음식을 푸짐하게 차려 선생님께 감사의 마음을 전했다.

55 환갑 상차림에 대한 설명으로 틀린 것은?

① 백편, 녹두편 등을 올린다.

② 달떡과 색떡을 올려 장식한다.

③ 화전이나 주악, 단자 등을 웃기로 장 식한다.

④ 색떡으로 나뭇가지에 꽃이 핀 모양의 모조화를 만들어 장식한다.

56 혼례떡으로 틀린 것은?

① 달떡　　　　② 색떡

③ 봉채떡　　　④ 무지개떡

57 제사상에 올리지 않는 떡은?

① 증편　　　　② 인절미

③ 붉은팥시루떡　④ 거피팥시루떡

58 지역별 향토 떡의 연결로 틀린 것은?

① 평안도 – 송기떡, 수리취떡

② 경기도 – 여주산병, 느티떡

③ 강원도 – 감자떡, 찰옥수수떡

④ 충청도 – 곤떡, 호박송편

59 함경도의 향토 떡으로 틀린 것은?

① 꼬장떡　　　② 꽃송편

③ 기장인절미　④ 언감자송편

60 지역별 향토 떡의 특징에 대한 설명으로 틀린 것은?

① 함경도 – 다른 지방보다 떡이 크다.

② 서울, 경기도 – 종류가 다양하고 화려 하다.

③ 전라도 – 풍부한 곡식과 감을 많이 사 용한다.

④ 경상도 – 잡곡을 재료로 많이 사용한다.

답안 표기란

53	① ② ③ ④
54	① ② ③ ④
55	① ② ③ ④
56	① ② ③ ④
57	① ② ③ ④
58	① ② ③ ④
59	① ② ③ ④
60	① ② ③ ④

글자 크기   │ 화면 배치

전체 문제 수 : 60
안 푼 문제 수 :

답안 표기란				
01	①	②	③	④
02	①	②	③	④
03	①	②	③	④
04	①	②	③	④
05	①	②	③	④
06	①	②	③	④
07	①	②	③	④
08	①	②	③	④
09	①	②	③	④

01 송편에 대한 설명으로 틀린 것은?

① 솔잎을 켜켜이 넣고 쪄서 붙여진 이름 이다.

② 찹쌀가루를 사용하여 만든다.

③ 추석에 만드는 송편을 오려송편이라 한다.

④ 중화절에 노비송편을 만들어 노비 나 이 수대로 나누어 주었다.

02 HACCP 12 절차의 첫 번째 단계는?

① 위해요소 분석

② 중요관리점 결정

③ HACCP 팀 구성

④ 제품설명서 확인

03 떡 제조·판매 영업의 신고 대상으로 틀린 것은?

① 시·도지사　　② 시장

③ 군수　　　　④ 구청장

04 막걸리를 이용하여 반죽하여 발효시킨 떡은?

① 산승　　　　② 약식

③ 증편　　　　④ 단자

05 삼신이 아이를 지켜주라는 의미로 아홉 살 생 일 때까지 만들어 주는 떡은?

① 백설기

② 붉은 찰수수경단

③ 오색송편

④ 인절미

06 백설기의 의미로 틀린 것은?

① 순수무구하게 자라기를 바라는 의미

② 하얗고 맑게 티 없이 자라기를 바라는 의미

③ 아이와 산모를 산신이 보호한다는 의미

④ 조화를 이루며 자라기를 바라는 의미

07 명절과 절식으로의 떡의 연결이 틀린 것은?

① 설날 – 첨세병

② 정월대보름 – 약식

③ 삼짇날 – 진달래 화전

④ 초파일 – 수리떡

08 떡 제조 시 개인 안전 재해 유형으로 틀린 것은?

① 베임　　　　② 화상

③ 근골격계질환　　④ 빈혈

09 복어독에 대한 설명으로 틀린 것은?

① 가열하면 파괴된다.

② 난소, 내장 등에 많이 있다.

③ 섭취 시 치사율이 매우 높다.

④ 중독 시 신속하게 위장 내 독소를 제 거해야 한다.

10 역성비누에 대한 설명으로 틀린 것은?

① 원액을 희석하여 사용한다.

② 보통 비누와 같이 사용하면 살균력이 높아진다.

③ 손 소독이나 식기의 소독에 적합하다.

④ 양이온 계면활성제, 양성비누라고도 한다.

11 개인위생 수칙에 대한 설명으로 옳지 않은 것은?

① 식품 취급 전 반드시 손을 세척한다.

② 설사 등의 증세가 있는 종사자는 조리에 참여하지 않는다.

③ 손톱을 짧게 유지하며 매니큐어나 인조손톱 등을 사용하지 않는다.

④ 앞치마는 모든 조리 공정에서 한 가지 종류만 착용해도 무방하다.

12 떡의 보관 방법으로 틀린 것은?

① 당일 제조 및 판매 물량만 확보하여 사용한다.

② 오래 보관된 제품은 판매하지 않는다.

③ 진열 전의 떡은 서늘하고 빛이 들지 않는 곳에서 보관한다.

④ 여름철에는 상온에서 24시간까지 보관해도 무방하다.

13 쇠머리떡에 대한 설명으로 옳은 것은?

① 자른 모양이 구름 모양을 닮았다.

② 빚어 찌는 찰떡류에 해당한다.

③ 경상도에서는 '모듬백이'라고 한다.

④ 흑임자가루 등의 고물을 묻혀 굳히기도 한다.

14 약밥의 양념(캐러멜소스) 제조 방법으로 옳은 것은?

① 설탕과 물을 넣어 같이 끓인다.

② 끓어오르면 재빨리 저어준다.

③ 설탕과 물, 물엿을 함께 넣고 끓인다.

④ 황설탕에 식용유를 넣고 끓여서 만든다.

15 붉은팥고물 제조 방법으로 틀린 것은?

① 팥을 불리지 않고 사용한다.

② 찜기에 한 시간가량 쪄낸다.

③ 익은 팥은 소금을 넣고 절구에 빻아 사용한다.

④ 붉은색이 액막이 효과가 있다고 하여 백일, 돌 등과 이사, 개업 등에 사용한다.

16 부피를 측정하는 계량의 단위로 틀린 것은?

① C(컵)　　　② ㎖

③ Table spoon　　④ ㎏

17 도구와 설명의 연결이 틀린 것은?

① 체 – 고물 가루를 내릴 때 사용하는 도구

② 이남박 – 대나무로 만든 상자로 떡을 담는 상자

③ 채반 – 전류 등을 기름이 빠지게 늘어 놓을 때 사용

④ 동구리 – 버들가지로 만든 상자로 음식을 담아 나를 때 쓰는 그릇

18 떡의 명칭과 종류가 옳게 연결된 것은?

① 도병 – 산승　　② 증병 – 절편

③ 증병 – 경단　　④ 유병 – 곤떡

답안 표기란				
10	①	②	③	④
11	①	②	③	④
12	①	②	③	④
13	①	②	③	④
14	①	②	③	④
15	①	②	③	④
16	①	②	③	④
17	①	②	③	④
18	①	②	③	④

19 켜떡을 만드는 방법으로 옳은 것은?

① 쌀가루에 물을 주고 한 덩어리가 되게 찐다.

② 쌀가루를 시루에 안치고 그 위에 고물을 얹어가며 켜켜이 찐다.

③ 쌀가루로 반죽을 한 다음 모양을 빚어 찐다.

④ 쌀가루에 막걸리를 넣고 반죽하여 발효시킨 후 찐다.

20 원하는 모양 틀을 꽂은 후 시루에서 찐 떡 반죽을 넣어 각종 떡을 뽑아낼 수 있는 기구의 명칭은?

① 제병기   ② 증편기

③ 절단기   ④ 성형기

21 옥수수를 주식으로 하는 지역에서 주로 결핍되기 쉬운 비타민은?

① 나이아신   ② 판토텐산

③ 비오틴   ④ 엽산

22 서류의 성분과 내용의 연결이 옳은 것은?

① 얄라핀은 마의 절단면의 점질액이다.

② 뮤신은 고구마의 절단면에서 나오는 하얀 액체이다.

③ 갈락탄은 토란의 절단면의 점질물질이다.

④ 알긴산은 마의 절단면의 점질물질이다.

23 무지개떡에 사용되는 발색제의 연결이 틀린 것은?

① 빨간색 – 계핏가루

② 노란색 – 치자

③ 녹색 – 쑥

④ 검은색 – 흑임자

24 밀가루의 점성과 탄성의 특징을 갖는 단백질 성분으로 바르게 연결된 것은?

① 점성 – 글리아딘

② 점성 – 글루테닌

③ 탄성 – 덱스트린

④ 탄성 – 글로불린

25 노화를 지연시키는 방법으로 틀린 것은?

① 냉동실에 보관한다.

② 냉장고에 보관한다.

③ 당 함량을 높여준다.

④ 수분 함량을 60% 이상으로 높여준다.

26 수수에 대한 설명으로 틀린 것은?

① 아프리카와 중남미에서 많이 재배된다.

② 배젖의 녹말 성질에 따라 메수수와 찰수수로 구분된다.

③ 수수경단, 수수부꾸미, 수수무살이 등으로 만들어 먹는다.

④ 루틴(Rutin)이라는 성분이 많아 떫은 맛이 난다.

27 다음 중 웃기떡으로 틀린 것은?

① 주악   ② 화전

③ 빙자떡   ④ 부꾸미

28 여름철 고물로 적당하지 않은 것은?

① 흑임자고물   ② 거피팥고물

③ 카스테라고물   ④ 코코넛고물

29 고명으로 사용하는 재료로 틀린 것은?

① 잣   ② 밤

③ 대추   ④ 송화

답안 표기란				
19	①	②	③	④
20	①	②	③	④
21	①	②	③	④
22	①	②	③	④
23	①	②	③	④
24	①	②	③	④
25	①	②	③	④
26	①	②	③	④
27	①	②	③	④
28	①	②	③	④
29	①	②	③	④

30 내수성이 좋고 식품이 직접 닿아도 무해한 소재로 떡 포장지로 가장 많이 사용하는 포장재는?

① 폴리에틸렌(PE)

② 플라스틱 필름

③ 폴리스티렌(PS)

④ 폴리프로필렌(PP)

31 감염병을 관리하는 데 있어 가장 어려운 대상은?

① 건강보균자

② 급성 감염병환자

③ 만성 감염병환자

④ 동물 병원소

32 곡류, 땅콩 등에 번식하는 곰팡이는?

① 아플라톡신   ② 맥각 중독

③ 황변미 중독   ④ 에르고톡신

33 HACCP의 특징으로 옳은 것은?

① 주로 완제품을 관리하기 위함이다.

② 사전적 관리보다 사후적 관리의 개념이다.

③ 분석 방법에 장시간이 소요된다.

④ 가능성이 있는 모든 위해요소를 예측하고 대응할 수 있다.

34 식품, 식품첨가물, 기구 또는 용기·포장의 위생적인 취급에 관한 기준의 명령권자는?

① 대통령령

② 총리령

③ 농림축산식품부장관령

④ 식품의약품안전처장령

35 꿀과 참기름을 넣어 만드는 떡에 쓰이는 한자는?

① 편(鰏)   ② 이(餌)

③ 고(餻)   ④ 약(藥)

36 다음에서 설명하는 떡과 문헌으로 바르게 연결된 것은?

> "병(餠)을 물어 잇자국을 시험한 즉 유리의 이가 많은지라 군신들이 유리를 받들어 임금으로 모셨다."

① 삼국사기 – 인절미

② 삼국사기 – 달떡

③ 삼국유사 – 절편

④ 삼국유사 – 인절미

37 진달래 화전은 언제 절식인가?

① 삼짇날   ② 칠석

③ 초파일   ④ 단오

38 회갑연의 큰상 차림에 대한 설명으로 틀린 것은?

① 음식을 높이 고이므로 고배상이라고 한다.

② 한국 상차림 중에서 가장 화려하고 성대한 상이다.

③ 여러 가지 음식을 30~60㎝ 정도까지 원통형으로 고여 2~3열로 배열한다.

④ 주빈 앞으로는 그 자리에서 먹을 수 있는 교자상을 차린다.

39 함경도 지역의 향토 떡으로 틀린 것은?

① 쑥버무리   ② 귀리떡

③ 기장찰편   ④ 기장인절미

답안 표기란

30	① ② ③ ④
31	① ② ③ ④
32	① ② ③ ④
33	① ② ③ ④
34	① ② ③ ④
35	① ② ③ ④
36	① ② ③ ④
37	① ② ③ ④
38	① ② ③ ④
39	① ② ③ ④

40 열왕세시기에서 권모(拳摸)라 불린 떡은?

① 가래떡　　　② 바람떡

③ 기정떡　　　④ 기주떡

41 가루 등을 익반죽하여 꿀을 넣어 둥글납작하게 지져낸 떡을 무엇이라 하는가?

① 산승　　　② 경단

③ 단자　　　④ 상화

42 무기질과 체내 주요 기능의 연결이 옳은 것은?

① 칼슘 – 철분의 흡수에 관여

② 나트륨 – 산·알칼리의 평형 유지

③ 칼륨 – 신경 자극 전달

④ 인 – 위액의 산도 유지

43 떡의 포장방법으로 옳은 것은?

① 떡은 충분히 식은 후 포장을 한다.

② 떡은 충분한 건조 후 포장을 한다.

③ 떡은 찌고 한 김 날려 보낸 후 포장을 한다.

④ 떡은 찌고 난 뒤 바로 포장한다.

44 인절미 제조에 대한 설명으로 틀린 것은?

① 찐 떡에 비해 노화가 느리다.

② 절구로 많이 칠수록 쫄깃한 식감이 많아진다.

③ 아밀로오스 함량이 많아서 많이 치면 쫄깃해진다.

④ 많이 치면 아밀로펙틴이 서로 엉기게 되어 쫄깃해진다.

45 다음이 설명하고 있는 떡은?

> 밤가루와 쌀가루를 섞어 꿀물에 내려 시루에 찐 일종의 밤설기

① 율고　　　② 화전

③ 약식　　　④ 상화

46 떡을 장기간 보관하기 위해서 가장 적절한 온도는?

① $-30{\sim}-20℃$　　② $0{\sim}4℃$

③ $20{\sim}30℃$　　④ $60{\sim}65℃$

47 소비자의 구매 욕구를 불러일으키며 제품의 광고효과를 갖는 포장의 기능은?

① 계량　　　② 식품의 보존

③ 식품의 유통　　④ 판매촉진

48 잣에 대한 설명으로 틀린 것은?

① 비타민 C가 많고 칼슘이 풍부하다.

② 통잣을 그대로 사용하기도 한다.

③ 죽으로 끓여 먹기도 한다.

④ 요리에 고명으로 많이 사용한다.

49 떡의 부재료이며 일반적으로 수분 함량이 90% 이상이며, 단백질과 지방의 함량은 적으나 비타민과 무기질 함량은 높은 것은?

① 채소류　　　② 견과류

③ 서류　　　④ 두류

답안 표기란	
40	① ② ③ ④
41	① ② ③ ④
42	① ② ③ ④
43	① ② ③ ④
44	① ② ③ ④
45	① ② ③ ④
46	① ② ③ ④
47	① ② ③ ④
48	① ② ③ ④
49	① ② ③ ④

50 떡의 발달과 관련한 지역의 특징으로 틀린 것은?

① 충청도 지역은 양반과 서민의 떡이 구분되며 소박한 떡이 발달하였다.

② 함경도는 산악지대로 대부분 잡곡 중심의 화려하고 큰 떡이 발달하였다.

③ 황해도 지역은 평야 지대로 쌀과 잡곡이 풍부하여 떡이 다양하게 발달하였다.

④ 평안도는 대륙과 가까워 진취적인 특징과 먹음직스럽고 크고 푸짐한 것이 특징이다.

51 일반적인 가열조리법으로 예방하기 어려운 식중독은?

① 장염비브리오 식중독

② 살모넬라 식중독

③ 포도상구균 식중독

④ 웰치균 식중독

52 다음 내용이 기록되어 있는 문헌은?

> 쌍화점에 상화 사러 갔더니만 회회 아비 내 손목을 쥐었어요.

① 해동역사　　　② 고려가요

③ 고려사　　　④ 목은집

53 혼례에 올리는 떡으로 바르게 연결된 것은?

① 인절미, 달떡

② 무지개떡, 인절미

③ 봉치떡, 오색송편

④ 달떡, 화전

54 떡에 대한 설명으로 틀린 것은?

① 찌기 – 떼기 – 떠기 – 떡으로 변했다.

② '많은 사람에게 베푼다'는 덕에서 유래되었다.

③ 중국에서 전래되어 우리나라에 토착화되었다.

④ 각종 제례 및 농경의례, 토속 신앙을 배경으로 사용되었다.

55 벽사의 의미를 지니고 있어 고사를 지낼 때는 꼭 사용하지만 제례에는 사용하지 않는 고물은?

① 깨고물　　　② 녹두고물

③ 붉은팥고물　　④ 거피팥고물

56 떡 제조 작업장의 도구 및 장비류의 안전 점검 사항으로 틀린 것은?

① 잦은 소독에도 견딜 수 있어야 한다.

② 단단한 내구성을 지녀야 한다.

③ 복잡하고 정교한 구조여야 한다.

④ 부식에 강해야 한다.

57 떡국의 다른 이름으로 틀린 것은?

① 백탕　　　② 첨세병

③ 병탕　　　④ 곤떡

58 무시루떡에 대한 설명으로 틀린 것은?

① 음력 10월 상달에 만들어 먹은 떡이다.

② 무는 채 썰어 소금에 절인 후 쌀가루와 섞어준다.

③ 붉은팥고물을 이용하여 켜를 주어 시루에 찐 떡이다.

④ 팥을 사용하는 이유는 붉은색이 액막이를 의미하기 때문이다.

답안 표기란
50　① ② ③ ④
51　① ② ③ ④
52　① ② ③ ④
53　① ② ③ ④
54　① ② ③ ④
55　① ② ③ ④
56　① ② ③ ④
57　① ② ③ ④
58　① ② ③ ④

59 채소로부터 감염되는 기생충으로 옳은 것은?

① 회충, 선모충

② 요충, 무구조충

③ 십이지장충, 동양모양선충

④ 유구조충, 톡소플라스마

60 찰시루떡 제조 방법으로 틀린 것은?

① 불린 찹쌀은 1차 빻기만 한다.

② 고물류는 거칠게 빻아져야 좋다.

③ 찜기에 안치고 수평을 맞춰 꼭꼭 눌러 준다.

④ 켜를 안친 후 칼집을 내어 포장하기 좋게 한다.

답안 표기란

59 ① ② ③ ④

60 ① ② ③ ④

떡제조기능사 필기 모의고사 ❺

수험번호 :

수험자명 :

⏱ 제한 시간 : 60분
남은 시간 : 60분

글자 크기 🔍100% Ⓜ150% 🔍200% | 화면 배치

전체 문제 수 : 60
안 푼 문제 수 :

답안 표기란

01 ① ② ③ ④
02 ① ② ③ ④
03 ① ② ③ ④
04 ① ② ③ ④
05 ① ② ③ ④
06 ① ② ③ ④
07 ① ② ③ ④
08 ① ② ③ ④

01 동지에 대한 설명으로 틀린 것은?

① 아세(亞歲) 또는 작은 설이라고 한다.

② 1년 중 밤의 길이가 가장 긴 날이다.

③ 애동지에는 팥죽에 새알심을 나이 수 대로 넣어 먹는다.

④ 팥의 붉은색이 악귀를 쫓아내고 액운 을 막아 준다고 한다.

02 식품위생법상 '식품위생'의 대상이 아닌 것은?

① 의약품   ② 식품첨가물

③ 소분식품   ④ 용기, 포장

03 잠복기가 가장 짧은 식중독은?

① 살모넬라 식중독

② 웰치균 식중독

③ 노로바이러스 식중독

④ 황색포도상구균 식중독

04 떡 포장 용기의 표시사항으로 틀린 것은?

① 제품명

② 식품제조사 대표

③ 소비기한

④ 영업소의 명칭 및 소재지

05 콩설기 제조 방법으로 틀린 것은?

① 멥쌀을 충분히 불린 후 소금을 넣어 빻는다.

② 서리태는 12시간 이상 불린 후 삶아 설탕에 버무려 사용한다.

③ 멥쌀가루에 물을 넣고 체에 내린 후 설탕과 콩을 섞어준다.

④ 김이 오른 찜기에 15~20분 정도 찌고 5분간 뜸을 들인다.

06 다음의 전처리 방법으로 알맞은 재료는?

> 깨끗하게 씻어 처음 삶은 물을 버리고, 두 번째 물부터 30분 정도 삶는다.

① 팥   ② 콩

③ 호박고지   ④ 거피팥

07 쌀을 곱게 가루로 만들거나 찐 떡을 치댈 때 사용하는 도구는?

① 절구   ② 맷돌

③ 안반   ④ 시루

08 찌는 떡의 종류로 틀린 것은?

① 증편   ② 설기

③ 켜떡   ④ 인절미

09 과잉 섭취 시 고혈압, 부종, 동맥경화 등의 증상을 일으키는 무기질은?

① 나트륨　　　② 마그네슘

③ 불소　　　　④ 구리

10 밀가루에 소금과 물을 넣고 반죽을 하면 점탄성이 생긴다. 이러한 성질을 갖는 단백질 성분은?

① 글리시닌　　② 글로불린

③ 알부민　　　④ 글루텐

11 쌀 수침 시 수분 흡수율에 영향을 미치는 요인으로 틀린 것은?

① 저장기간

② 품종

③ 재배지역

④ 수침 시 물의 온도

12 조에 대한 설명으로 옳은 것은?

① 옥수수, 쌀 다음으로 소비가 많은 곡물이다.

② 곡류 중 알의 크기가 가장 크다.

③ 메조는 노란색, 차조는 녹색이다.

④ 탄닌(Tannin)을 함유하고 있어 소화율이 낮다.

13 작업장 내에서 조리 작업자의 안전 수칙으로 틀린 것은?

① 안전한 자세로 조리

② 편안한 복장 착용

③ 짐을 옮길 때 충돌 위험 감지

④ 뜨거운 용기를 이동할 때는 장갑 사용

14 다음의 내용이 기록되어 있는 문헌은?

> 절편의 모양을 둥글게 하고 그 위에 차바퀴 모양의 떡살로 문양을 내었다.

① 규합총서　　② 동국세시기

③ 음식디미방　④ 윤씨 음식법

15 명절과 절식으로의 떡의 연결이 틀린 것은?

① 유두 – 수단

② 추석 – 노비송편

③ 납일 – 골무떡

④ 상달 – 무시루떡

16 제례에 사용되는 고물로 틀린 것은?

① 녹두　　　　② 붉은팥

③ 거피팥　　　④ 흑임자

17 회갑에 대한 설명으로 틀린 것은?

① 만 60세의 생일, 나이 예순한 살을 이르는 말이다.

② 높이 괴어 올린 고임떡 위에 웃기떡을 올린다.

③ 백편, 녹두편, 꿀편 등을 웃기떡으로 올린다.

④ 큰상차림의 떡에 색떡으로 나뭇가지에 꽃이 핀 모양의 조화를 만들어 장식한다.

18 전라도 지역의 향토 떡으로 틀린 것은?

① 감시루떡　　② 감고지떡

③ 감인절미　　④ 은절미

답안 표기란	
09	① ② ③ ④
10	① ② ③ ④
11	① ② ③ ④
12	① ② ③ ④
13	① ② ③ ④
14	① ② ③ ④
15	① ② ③ ④
16	① ② ③ ④
17	① ② ③ ④
18	① ② ③ ④

19 재료 계량 방법으로 틀린 것은?

① 전자저울은 사용 전 수평을 맞추고 0을 맞춘 뒤 사용한다.

② 흑설탕은 덩어리진 것은 부수어서 계량컵에 수북하게 담아 표면을 스파튤라로 깎아 계량한다.

③ 액체 재료들은 부피를 측정하기 위해 투명한 재질의 계량컵을 사용하는 것이 좋다.

④ 가루 재료들은 계량 직전에 체질을 하여 계량한다.

20 예방접종을 통하여 얻는 면역은?

① 인공수동면역　　② 인공능동면역

③ 자연수동면역　　④ 자연능동면역

21 떡의 어원에 대한 설명으로 틀린 것은?

① 고치떡 : 모양이 조약돌처럼 앙증맞다는 뜻

② 석탄병 : '맛이 삼키기 안타깝다.'는 뜻

③ 첨세병 : 떡국을 먹음으로써 나이를 하나 더하게 된다는 뜻

④ 쇠머리떡 : 굳은 다음 썰어 놓은 떡의 모양이 쇠머리편육과 같다는 뜻

22 찹쌀가루를 익반죽한 후 빚어 국화를 올려 지진 떡을 먹는 명절은?

① 중화절　　　　② 삼진날

③ 중양절　　　　④ 유두

23 설날에 먹는 떡의 의미로 틀린 것은?

① 재물이 넘쳐나길 기원하는 마음으로 엽전 모양처럼 썰어 먹었다.

② 충청도 지방에서는 누에고치 모양의 조랭이떡국을 먹었다.

③ 흰 떡국은 천지 만물이 시작되는 날로 엄숙하고 청결해야 한다는 뜻이 담겨 있다.

④ 긴 가래떡은 무병장수를 의미한다.

24 찹쌀떡을 찔 때 떡이 달라붙는 것을 방지하기 위해 넣는 재료로 옳은 것은?

① 설탕　　　　　② 기름

③ 소금　　　　　④ 물

25 가래떡에 대한 설명으로 틀린 것은?

① 멥쌀, 소금, 물을 넣어 만든다.

② 치는 떡의 일종으로 멥쌀가루를 사용한다.

③ 길게 밀어 만든 떡으로 백국이라고도 한다.

④ 하루 정도 말려 동그랗게 썰면 떡국용 떡이 된다.

26 떡 등을 제조·가공하는 영업자의 자가품질검사의 의무로 몇 개월마다 검사를 실시해야 하는가?

① 1개월　　　　② 3개월

③ 6개월　　　　④ 12개월

27 떡을 의미하는 한자어로 틀린 것은?

① 병(餠)　　　　② 이(餌)

③ 단(剉)　　　　④ 편(鯿)

답안 표기란

19	① ② ③ ④
20	① ② ③ ④
21	① ② ③ ④
22	① ② ③ ④
23	① ② ③ ④
24	① ② ③ ④
25	① ② ③ ④
26	① ② ③ ④
27	① ② ③ ④

28 고려시대 떡의 기록이 담긴 문헌으로 틀린 것은?

① 해동역사　　② 거가필용
③ 목은집　　　④ 수문사설

29 약식이 기록되어 있는 문헌으로 틀린 것은?

① 목은집　　　② 도문대작
③ 규합총서　　④ 동국세시기

30 다음이 설명하는 명절과 절식으로 떡의 연결이 옳은 것은?

> 동쪽으로 흐르는 물에 머리를 감고 목욕을 하는 날로 상서롭지 못한 것을 쫓고 여름에 더위를 먹지 않게 하기 위한 세시풍속이다.

① 초파일 – 느티떡　② 단오 – 수리취떡
③ 유두 – 수단　　　④ 삼복 – 증편

31 생식품류의 재배, 사육 단계에서 발생할 수 있는 1차 오염은?

① 처리장에서의 오염
② 자연환경에서의 오염
③ 제조 과정에서의 오염
④ 유통 과정에서의 오염

32 법랑 용기, 도자기 유약 성분으로 사용되며, 이타이이타이병 등의 만성 중독을 유발하는 유해 물질은?

① 비소　　　② 수은
③ 주석　　　④ 카드뮴

33 삼복날 먹는 절식으로의 떡은?

① 증편　　　② 쑥절편
③ 차륜병　　④ 국화전

34 정조 '원행을묘정리의궤'의 혜경궁 홍씨 회갑상 차림에 올라갔던 떡은?

① 두텁떡　　② 달떡
③ 봉치떡　　④ 백설기

35 인절미 등을 반죽하거나 치댈 때 사용하는 기구의 명칭은?

① 절단기　　② 볶음솥
③ 성형기　　④ 펀칭기

36 어레미에 대한 설명으로 옳은 것은?

① 도드미보다 고운체이다.
② 고운 가루를 내릴 때 사용한다.
③ 콩과 껍질을 분리하는 데 사용한다.
④ 말총 등으로 만들어 술 등을 거를 때 사용한다.

37 떡 제조 시 「물을 내린다」는 뜻으로 옳은 것은?

① 익반죽으로 반죽을 한다.
② 물에 불린 쌀을 빻는다.
③ 쌀가루에 물을 넣어 수분을 맞추고 체에 내린다.
④ 소금물로 많이 치대어 질감을 점성이 생기도록 한다.

답안 표기란				
28	①	②	③	④
29	①	②	③	④
30	①	②	③	④
31	①	②	③	④
32	①	②	③	④
33	①	②	③	④
34	①	②	③	④
35	①	②	③	④
36	①	②	③	④
37	①	②	③	④

38 기초대사를 촉진하며 갑상선 호르몬의 구성 성분인 무기질은?

① 아연　　　　② 염소

③ 나트륨　　　④ 요오드

39 소다(증조)를 넣고 팥을 삶을 때의 설명으로 옳은 것은?

① 팥이 단단해진다.

② 조리시간이 길어진다.

③ 팥의 색이 연해진다.

④ 비타민 B_1이 파괴된다.

40 멥쌀가루를 쪄낸 다음 절구에 치고, 길게 밀어 모양을 만든 떡은?

① 약식　　　　② 단자

③ 가래떡　　　④ 무지개떡

41 송자(松子), 백자(柏子), 실백(實柏)이라고 불리며 떡의 고명으로 사용하는 재료는?

① 잣　　　　　② 밤

③ 은행　　　　④ 대추

42 찌는 떡의 표기로 옳은 것은?

① 증병　　　　② 도병

③ 유전병　　　④ 단자병

43 붉은팥고물 제조 방법으로 틀린 것은?

① 팥은 2~3시간 정도 물에 불린 후 삶는다.

② 팥에 소다를 넣으면 색이 진해진다.

③ 거의 삶아지면 물을 따라내고 약한 불에 뜸을 들인다.

④ 소금을 넣고 절구에 찧어 사용한다.

44 약밥의 제조 방법으로 틀린 것은?

① 간장과 양념이 얼룩지지 않도록 골고루 버무린다.

② 찹쌀을 불려 1차에 충분히 쪄내야 간과 색이 잘 배어든다.

③ 불린 찹쌀에 부재료와 간장, 설탕 등을 한 번에 넣고 찐다.

④ 양념한 밥을 오래 중탕으로 찌면 갈색이 잘 난다.

45 떡이 가장 빨리 노화가 일어나는 경우는?

① 냉장 보관　　② 냉동 보관

③ 실온 보관　　④ 급속 냉동 보관

46 떡의 포장재로 가장 적합한 것은?

① 종이　　　　② 알루미늄박

③ 셀로판　　　④ 폴리에틸렌(PE)

47 소비자가 포장의 상태로 내용물의 변질이나 오염 여부를 확인하는 것으로 알맞은 포장의 기능은?

① 식품의 보존　　② 계량

③ 식품의 유통　　④ 판매촉진

답안 표기란

38	① ② ③ ④
39	① ② ③ ④
40	① ② ③ ④
41	① ② ③ ④
42	① ② ③ ④
43	① ② ③ ④
44	① ② ③ ④
45	① ② ③ ④
46	① ② ③ ④
47	① ② ③ ④

48 식품의 부패 정도를 측정하는 지표로 틀린 것은?

① 총질소(TN)

② 수소이온농도(pH)

③ 트리메틸아민(TMA)

④ 휘발성염기질소(VBN)

49 사고 예방법으로 틀린 것은?

① 조리용 칼은 작업이 끝나면 칼집에 넣어 놓는다.

② 분쇄기는 사용 전 이물질이 없는지 확인한다.

③ 가스레인지는 사용 후 반드시 밸브를 잠근다.

④ 튀김기 사용 시 기름은 항상 가득 담는 것을 생활화한다.

50 떡 제조·판매 시 식품 등의 표시 기준에 의해 표시해야 하는 대상 성분으로 틀린 것은?

① 지방   ② 칼슘

③ 나트륨   ④ 열량

51 떡에 대한 설명으로 틀린 것은?

① 두텁떡은 봉우리떡, 합병(盒餠), 후병(厚餠)이라고도 불린다.

② 약편은 멥쌀가루에 계피, 천궁, 생강 등의 약재를 넣어 붙여진 이름이다.

③ 개피떡은 갑피병, 바람떡으로도 불린다.

④ 달떡은 둥글게 빚은 절편을 의미한다.

52 다음의 기록이 담긴 문헌은?

> 조정의 뜻을 받들어 그 밭을 주관하여 세시마다 술·감주·떡·밥·차·과실 등 여러 가지를 갖추고 제사를 지냈다.

① 지붕유설   ② 성호사설

③ 삼국유사   ④ 임원경제지

53 백일에 준비하는 떡으로 틀린 것은?

① 백설기

② 붉은 찰수수경단

③ 무지개떡

④ 오색송편

54 서울·경기도 지역의 향토 떡으로 틀린 것은?

① 개성주악, 여주산병

② 쑥버무리, 각색경단

③ 색떡, 물호박떡

④ 해장떡, 쇠머리떡

55 사람과 동물이 같은 병원체에 의해 발생하는 인수공통감염병은?

① 결핵   ② 콜레라

③ 성홍열   ④ 디프테리아

56 쌀의 성분 중 함량이 가장 높은 것은?

① 비타민   ② 무기질

③ 단백질   ④ 탄수화물

답안 표기란

48	①	②	③	④
49	①	②	③	④
50	①	②	③	④
51	①	②	③	④
52	①	②	③	④
53	①	②	③	④
54	①	②	③	④
55	①	②	③	④
56	①	②	③	④

57 익반죽에 대한 설명으로 옳은 것은?

① 찹쌀가루의 글루텐을 호화시켜 반죽을 좋게 한다.

② 찹쌀가루의 효소를 불활성화시켜 제조 적성을 높인다.

③ 찹쌀가루를 일부 호화시켜 점성이 생기면 반죽이 수월하다.

④ 찹쌀가루의 아밀로오스 가지를 조밀하게 만들어 점성이 높아진다.

58 채소를 데치는 방법으로 옳은 것은?

① 찬물에서부터 데치기 시작한다.

② 조리수의 양은 1:1의 비율이 가장 적당하다.

③ 소금을 조금 넣으면 색을 선명하게 할 수 있다.

④ 식소다를 넣으면 채소의 모양을 잘 유지할 수 있다.

59 같은 색을 내는 발색제로 연결되지 않은 것은?

① 대추고, 도토리　　② 치자, 송진

③ 단호박, 송화　　　④ 흑임자, 석이

60 떡의 종류가 옳게 연결된 것은?

① 치는 떡 – 백설기

② 삶는 떡 – 단자

③ 지지는 떡 – 부꾸미

④ 찌는 떡 – 인절미

글자
크기 | 화면
배치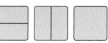

전체 문제 수 : 60
안 푼 문제 수 :

답안 표기란

01 ① ② ③ ④
02 ① ② ③ ④
03 ① ② ③ ④
04 ① ② ③ ④
05 ① ② ③ ④
06 ① ② ③ ④
07 ① ② ③ ④

01 떡에 대한 설명으로 옳은 것은?

① 증편은 찹쌀가루에 막걸리를 넣고 반죽하여 발효시킨 떡이다.

② 절편을 얇게 밀어 소를 넣고 반달 모양으로 접은 것이 바람떡이다.

③ 무지개떡은 색편이라고도 불리며 일반적으로 제사상에 올리는 떡이다.

④ 깨찰편은 치는 떡에 속하며 흑임자가루를 찹쌀가루 사이사이에 살짝 뿌려 쪄낸다.

02 서여향병(薯蕷香餠)의 주재료로 옳은 것은?

① 밤
② 마
③ 고구마
④ 단호박

03 발색제의 사용 방법으로 틀린 것은?

① 섬유질이 많은 채소는 쌀과 함께 갈아 사용한다.

② 천연발색제는 많이 넣으면 넣을수록 떡이 맛있어진다.

③ 마른 가루는 수분 함량을 늘리고, 생 채소 사용 시 수분 첨가량을 줄인다.

④ 원료의 색상에 따라 하얀색 → 노란색 → 빨간색 → 초록색 → 자주색 등 밝은 색에서 짙은 색의 순서로 투입한다.

04 다음의 기록이 담긴 문헌은?

> 세모가 되어 이웃에서 떡방아 소리가 나자 이에 따르지 못함을 부인이 안타까워하자 백결선생이 거문고로 떡방아 소리를 내어 부인을 위로했다.

① 도문대작
② 규합총서
③ 삼국사기
④ 삼국유사

05 재료의 전처리 방법으로 옳은 것은?

① 서리태 – 물에 2~3번 헹군 후 바로 끓는 물에 15분 정도 삶는다.

② 치자 – 가볍게 씻은 후 치자 1개에 물 1/2컵 정도를 넣어 사용한다.

③ 팥 – 물에 2시간 정도 불린 후 물에 30분 정도 삶는다.

④ 거피팥 – 물에 2시간 정도 불린 후 삶아 껍질째 사용한다.

06 송편, 찹쌀떡 등 떡을 여러 가지 모양으로 만들 수 있는 기구의 명칭은?

① 개피떡 기계
② 자동 떡 절단기
③ 자동 떡 성형기
④ 스팀 펀칭기

07 치는 떡(도병)으로 틀린 것은?

① 쑥개떡
② 인절미
③ 골무떡
④ 개피떡

08 비타민과 그 결핍증상의 연결로 틀린 것은?

① 비타민 B_1(티아민) – 각기병, 신경염

② 비타민 B_2(리보플라빈) – 구각염, 설염

③ 비타민 B_6(피리독신) – 괴혈병

④ 비타민 B_{12}(시아노코발라민) – 악성빈혈, 신경증상

09 무기질에 대한 설명으로 틀린 것은?

① 체내 중요한 열량원이다.

② 인체의 약 4%를 차지한다.

③ 체내에서 합성되지 못하므로 반드시 식품으로 섭취해야 한다.

④ 생리적 작용의 촉매 역할을 한다.

10 채소의 구분과 종류의 연결이 틀린 것은?

① 엽채류 – 양배추

② 경채류 – 브로콜리

③ 근채류 – 당근

④ 과채류 – 피망

11 옥수수에 대한 설명으로 틀린 것은?

① 단일 품종으로 저장성이 낮은 편이다.

② 세계에서 가장 소비량이 많은 작물이다.

③ 가루로 가공하여 섭취하면 소화율이 더욱 높아진다.

④ 옥수수의 씨눈에는 불포화지방산이 풍부하다.

12 위험도 경감의 3가지 시스템 구성요소로 틀린 것은?

① 사람   ② 장비

③ 절차   ④ 관리

13 식품위생법에 명시된 목적으로 틀린 것은?

① 위생상의 위해를 방지

② 식품에 관한 올바른 정보 제공

③ 식품영양의 질적 향상 도모

④ 소비자의 권익 보호

14 떡에 대한 설명으로 틀린 것은?

① 신석기시대 갈판과 갈돌을 통해 곡식을 가루 내어 먹었음을 유추할 수 있다.

② '많은 사람에게 베푼다'는 덕에서 유래되었다.

③ 찌기-떠기-떼기-떡으로 어원이 변하였다.

④ 각종 제례 및 농경의례, 토속 신앙을 배경으로 사용되었다.

15 시루가 처음 발견된 시기는?

① 신석기   ② 청동기

③ 고조선   ④ 삼국시대

16 최초의 한글 조리서이자 여성이 쓴 조선시대 문헌은?

① 음식디미방   ② 동국세시기

③ 임원경제지   ④ 규합총서

답안 표기란

08 ① ② ③ ④
09 ① ② ③ ④
10 ① ② ③ ④
11 ① ② ③ ④
12 ① ② ③ ④
13 ① ② ③ ④
14 ① ② ③ ④
15 ① ② ③ ④
16 ① ② ③ ④

17 중화절에 대한 내용으로 틀린 것은?

① 삭일, 노비일, 머슴날이라고도 한다.

② 농사철의 시작을 기념하는 1월의 명절이다.

③ 노비송편, 삭일송편을 빚어 노비들에게 나이 수대로 나누어 주었다.

④ 조선시대 궁중에서는 왕이 신하들에게 중화척(中和尺)이라는 자를 나누어 주었다.

18 통과의례와 떡의 연결이 틀린 것은?

① 삼칠일 – 백설기

② 제례 – 꿀편

③ 회갑 – 백편

④ 백일 – 무지개떡

19 붉은 찰수수경단에 대한 설명으로 옳은 것은?

① 자손이 번성하고 오래 살기를 바라는 마음을 담았다.

② 조화로운 미래를 기원하는 의미이다.

③ 성년례 전까지 해주는 풍습이 있다.

④ 말을 함부로 하지 않는다는 입마개 떡으로 불린다.

20 제주도의 향토 떡인 오메기떡의 주재료는?

① 차조   ② 수수

③ 보리   ④ 찹쌀

21 다음이 설명하는 떡과 지역으로 바르게 연결된 것은?

> 뱃사람들이 아침에 일 나가기 전에 뜨끈한 해장국과 함께 먹었다는 떡으로 팥고물을 입힌 인절미와 같은 떡이다.

① 해장떡 – 강원도

② 해장떡 – 충청도

③ 고치떡 – 경상도

④ 오쟁이떡 – 황해도

22 병원체가 세균인 질병으로 옳은 것은?

① 장티푸스   ② 홍역

③ 소아마비   ④ 발진티푸스

23 조리 전 손 소독에 적합한 소독제로 옳은 것은?

① 석탄산

② 역성비누

③ 생석회

④ 차아염소산나트륨

24 식품을 통조림이나 포장재에 넣어 100~120℃로 가열처리하여 살균하는 포장방법은?

① 무균 포장   ② 냉동 포장

③ 밀봉 포장   ④ 레토르트 포장

25 떡의 노화를 억제하기 위한 보관 방법으로 틀린 것은?

① 설탕을 첨가한다.

② 유화제를 첨가한다.

③ 냉장고에 보관한다.

④ 60℃ 이상의 온장고에 보관한다.

26 약밥의 제조 방법으로 틀린 것은?

① 찹쌀은 5시간 이상 불린 후 1시간 정도 무르게 찐다.

② 찐 밥이 식은 후 양념을 하면 양념이 더 잘 흡수된다.

③ 양념을 할 때는 주걱으로 자르듯이 섞으며, 얼룩지지 않게 고루 섞어준다.

④ 양념한 찰밥은 상온에 2시간 정도 두었다가 찐다.

답안 표기란

17	① ② ③ ④
18	① ② ③ ④
19	① ② ③ ④
20	① ② ③ ④
21	① ② ③ ④
22	① ② ③ ④
23	① ② ③ ④
24	① ② ③ ④
25	① ② ③ ④
26	① ② ③ ④

27 떡을 만들 때 사용하는 도구에 대한 설명으로 틀린 것은?

① 번철 : 기름에 지지는 떡을 만들 때 사용하는 철판

② 떡살 : 떡에 문양을 찍을 때 사용하는 도구

③ 안반 : 인절미나 흰떡을 칠 때 쓰는 나무판

④ 맷돌 : 곡식을 빻거나 찧는 데 사용하는 도구

28 모양을 만들어 찌는 떡으로 옳은 것은?

① 백설기, 잡과병　　② 혼돈병, 두텁떡

③ 화전, 약식　　　　④ 증편, 경단

29 고려시대 최초의 떡집인 쌍화점에서 판매한 떡은?

① 상화병　　　　　② 쇠머리찰떡

③ 증편　　　　　　④ 율고

30 HACCP의 7단계 수행 절차에 해당하지 않는 것은?

① 위해요소 분석

② HACCP 팀 구성

③ 중요관리점 확인

④ 모니터링 방법의 설정

31 작업장 내 화재 발생 시 대처요령으로 틀린 것은?

① 큰 소리로 주위에 화재 사실을 알린다.

② 소화기의 위치를 미리 숙지한다.

③ 원인 물질을 찾아 제거하도록 한다.

④ 바람이 불어오는 방향을 향해 소화액을 뿌린다.

32 가래떡에 대한 설명으로 틀린 것은?

① 치는 떡에 해당한다.

② 흰떡이라고도 불린다.

③ 찹쌀가루를 김이 오른 찜기에 넣어 20분 정도 쪄서 사용한다.

④ 쪄낸 쌀가루를 압출성형기에 넣어 길게 절단한 떡이다.

33 쑥의 전처리 방법으로 틀린 것은?

① 줄기 부분을 제거한 뒤 끓는 물에 데친다.

② 데친 쑥을 물과 함께 넣어 냉동 보관하면 오래 보관이 가능하다.

③ 소분하여 냉동 보관한 뒤 필요시 꺼내 사용한다.

④ 쑥설기를 할 때는 데치지 않고 사용한다.

34 고물 제조 방법으로 옳은 것은?

① 흑임자고물은 검은깨를 씻어 분쇄기에 간 뒤 번철에 고슬고슬하게 볶는다.

② 거피팥고물은 끓는 물에 무르게 삶아 어레미에 내려 사용한다.

③ 노란콩고물은 노란콩을 씻어 볶아 식힌 후 분쇄기에 갈아 고운체에 내려 사용한다.

④ 팥고물은 팥을 씻어 불린 후 물에 15분 정도 삶은 후 절구에 찧어 만든다.

35 설기떡의 옆면이 익지 않은 이유로 틀린 것은?

① 충분히 찌지 않았다.

② 찜통의 옆면이 말라 있었다.

③ 쌀가루에 물의 양이 적었다.

④ 설탕을 넣지 않았다.

답안 표기란

27　① ② ③ ④
28　① ② ③ ④
29　① ② ③ ④
30　① ② ③ ④
31　① ② ③ ④
32　① ② ③ ④
33　① ② ③ ④
34　① ② ③ ④
35　① ② ③ ④

36 떡류 포장의 표시 기준을 포함하여, 소비자의 알 권리를 보장하고 건전한 거래 질서를 확립함으로써 소비자보호에 이바지함을 목적으로 하는 것은?

① 위해요소중점관리기준
② 식품안전관리인증기준
③ 식품안전기본법
④ 식품 등의 표시·광고에 관한 법률

37 숙주의 감수성지수(접촉감염지수)가 가장 높은 감염병은?

① 홍역
② 백일해
③ 디프테리아
④ 소아마비

38 삼국시대 떡의 기록이 담긴 문헌으로 틀린 것은?

① 삼국사기
② 삼국유사
③ 지봉유설
④ 영고탑기략

39 조선시대 문헌과 내용으로 틀린 것은?

① 도문대작 – 가장 오래된 식품 전문서로 떡류 19종이 기술되어 있다.
② 수문사설 – 오도증이라는 떡을 찌는 도구가 나온다.
③ 성호사설 – 가정 살림에 관한 내용의 책으로 석탄병의 내용이 나온다.
④ 임원경제지 – 경단모양이라 찹쌀가루를 물로 반죽하여 도토리 알만하게 또는 밤만 하게 둥글게 빚어 만든다.

40 쌀가루에 무채, 단호박고지를 섞어 붉은팥고물의 시루떡을 쪄서 고사를 지낸 날은?

① 중양절
② 정월대보름
③ 동지
④ 상달

41 봉치떡(함떡)의 재료와 의미의 연결이 틀린 것은?

① 찹쌀 : 부부가 화목하게 지내기를 기원
② 붉은팥고물 : 벽사의 의미
③ 대추 : 자손의 번창
④ 밤 : 풍요와 장수

42 웃기떡으로 틀린 것은?

① 각색병
② 주악
③ 단자
④ 화전

43 다음이 설명하는 특징을 지닌 지역은?

- 곡식이 풍부하여 떡 종류가 많음
- 감을 많이 사용함
- 감시루떡, 감찰떡, 감단자, 감고지떡

① 충청도
② 전라도
③ 경상도
④ 강원도

44 회갑 때 음식을 높이 고이는 큰상을 고배상이라 하는데 다른 말로 무엇이라 하는가?

① 망상
② 입맷상
③ 주안상
④ 교자상

45 해동역사에서 중국인이 칭송한 떡은?

① 율고
② 수단
③ 전병
④ 상화

46 멥쌀을 이용하여 만든 떡이 아닌 것은?

① 절편
② 송편
③ 인절미
④ 가래떡

답안 표기란			
36	① ② ③ ④
37	① ② ③ ④
38	① ② ③ ④
39	① ② ③ ④
40	① ② ③ ④
41	① ② ③ ④
42	① ② ③ ④
43	① ② ③ ④
44	① ② ③ ④
45	① ② ③ ④
46	① ② ③ ④

47 멥쌀가루에 햇과일을 섞어 녹두고물을 올려 찐 떡은?

① 신과병　　　　② 느티떡
③ 꼬장떡　　　　④ 개피떡

48 삶는 떡의 표기로 옳은 것은?

① 증병　　　　　② 도병
③ 유전병　　　　④ 단자병

49 다음 중 유기용매에 녹는 비타민은?

① 비타민 A　　　② 비타민 B_1
③ 비타민 C　　　④ 리보플라빈

50 밀의 종류 중 단백질의 함량이 13% 이상이며 주로 제빵용으로 사용되는 것은?

① 박력분　　　　② 중력분
③ 강력분　　　　④ 듀럼밀

51 호화를 촉진시키는 요인으로 틀린 것은?

① 온도　　　　　② 염류
③ pH　　　　　④ 압력

52 미나마타병의 원인이 되는 식중독 물질은?

① 수은　　　　　② 카드뮴
③ 아연　　　　　④ 구리

53 간편하고 경제적이나 내수성, 내유성, 내습성 등이 약한 포장재는?

① 종이　　　　　② 유리
③ 셀로판　　　　④ 알루미늄박

54 조리사의 결격 사유로 틀린 것은?(식품위생법)

① 정신질환자
② B형간염 환자
③ 마약이나 그 밖의 약물 중독자
④ 조리사 면허의 취소처분을 받고 그 취소된 날부터 1년이 지나지 아니한 자

55 동물과 관련된 감염병의 연결이 옳은 것은?

① 소 - 결핵　　　② 개 - 디프테리아
③ 쥐 - 공수병　　④ 고양이 - 페스트

56 장출혈성 대장균에 대한 설명으로 틀린 것은?

① 일명 햄버거병이라고 불린다.
② 사람이 감염되면 설사, 혈변, 복통 등을 일으킨다.
③ 100℃ 이상에서 가열해도 사멸되지 않는다.
④ 베로톡신이라는 독소를 생성한다.

57 찹쌀을 멥쌀보다 거칠게 빻는 이유는 무엇 때문인가?

① 글루테닌　　　② 글리시닌
③ 아밀로펙틴　　④ 아밀로오스

답안 표기란

47	① ② ③ ④
48	① ② ③ ④
49	① ② ③ ④
50	① ② ③ ④
51	① ② ③ ④
52	① ② ③ ④
53	① ② ③ ④
54	① ② ③ ④
55	① ② ③ ④
56	① ② ③ ④
57	① ② ③ ④

58 영업 신고를 해야 하는 업종이 아닌 것은?

① 유흥주점영업

② 일반음식점영업

③ 식품 소분·판매업

④ 위탁급식영업 및 제과점영업

59 떡의 명칭과 재료의 연결이 틀린 것은?

① 청애병 – 쑥

② 상실병 – 도토리

③ 남방감저병 – 감자

④ 서여향병 – 마

60 절기와 절식 떡의 연결이 틀린 것은?

① 납일 – 골무떡

② 삼짇날 – 화전

③ 석가탄신일 – 느티떡

④ 추석 – 삭일송편

답안 표기란				
58	①	②	③	④
59	①	②	③	④
60	①	②	③	④

글자
크기

화면
배치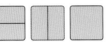

전체 문제 수 : 60
안 푼 문제 수 : ☐

답안 표기란

01 ① ② ③ ④
02 ① ② ③ ④
03 ① ② ③ ④
04 ① ② ③ ④
05 ① ② ③ ④
06 ① ② ③ ④
07 ① ② ③ ④
08 ① ② ③ ④

01 강원도 지역의 향토 떡으로 틀린 것은?

① 메밀전병
② 감자시루떡
③ 고치떡
④ 찰옥수수떡

02 삼복날 먹는 절식으로의 떡은?

① 증편
② 쑥절편
③ 차륜병
④ 국화전

03 전반적인 농업기술과 가공 기술이 발달하여 떡의 고급화와 전성기를 이룬 시대는?

① 삼국시대
② 통일신라시대
③ 고려시대
④ 조선시대

04 개인의 안전 점검 사항 중 틀린 것은?

① 안전 예방 교육을 사전에 실시한다.
② 작업자가 장비류의 사용법을 미리 숙지하도록 한다.
③ 작업자의 숙련도가 낮은 경우 업무량을 맞추기 위해 절차와 과정을 생략해도 된다.
④ 작업자의 피로도가 높은 경우 충분한 휴식을 취하며 안전에 더욱 주의하도록 한다.

05 떡 제조 작업 시 근골격계 질환을 예방하는 방법으로 옳은 것은?

① 작업 전 간단한 스트레칭으로 신체 긴장 완화
② 작업대 정리 정돈
③ 작업 보호구 사용
④ 조리 기구의 올바른 사용 방법 숙지

06 HACCP의 수행 단계 중 가장 먼저 실시하는 것은?

① 중점관리점 결정
② 위해요소 분석
③ 검증절차의 설정
④ 개선조치 방법 설정

07 식품첨가물과 사용 식품의 연결이 옳은 것은?

① 안식향산 – 치즈, 버터
② 소르빈산 – 어육연제품
③ 데히드로초산 – 빵, 생과자
④ 프로피온산 – 청량음료

08 통조림 식품의 통조림 관에서 유래될 수 있는 식중독 물질은?

① 불소
② 납
③ 주석
④ 구리

09 60℃에서 30분간 가열하면 예방이 가능한 식중독은?

① 살모넬라 식중독

② 병원성 대장균 식중독

③ 장염비브리오 식중독

④ 테트로도톡신 식중독

10 흰떡이나 인절미 등을 칠 때 사용하는 도구로 옳은 것은?

① 안반, 떡살　　② 이남박, 시루

③ 안반, 떡메　　④ 절구, 맷돌

11 치는 떡으로 옳은 것은?

① 인절미　　② 송편

③ 찰시루떡　　④ 노티떡

12 팥을 삶는 방법으로 옳은 것은?

① 반나절 정도 불린 뒤 삶는다.

② 찬물에서부터 10분 정도 삶아 낸다.

③ 끓는 물에 설탕을 넣고 10분 정도 삶아 낸다.

④ 물이 끓으면 삶은 첫 물은 버리고 두 번째 물부터 30분 정도 삶는다.

13 떡 조리과정의 특징으로 틀린 것은?

① 찌는 떡은 멥쌀가루보다 찹쌀가루를 사용할 때 물을 더 보충하여야 한다.

② 펀칭공정을 거치는 치는 떡은 시루에 찌는 떡보다 노화가 더디게 진행된다.

③ 쌀의 수침 시간이 증가할수록 쌀의 조직이 연화되어 습식제분을 할 때 전분 입자가 미세화된다.

④ 쌀가루는 너무 고운 것보다 어느 정도 입자가 있어야 자체 수분 보유율이 있어 떡을 만들 때 호화도가 더 좋다.

14 결핍증상으로 빈혈을 일으키는 무기질로 옳게 연결된 것은?

① 인, 염소　　② 철분, 구리

③ 염소, 마그네슘　　④ 나트륨, 코발트

15 지방(지질)에 대한 설명으로 옳은 것은?

① 필수지방산은 신체 성장 및 생리과정에 반드시 필요하다.

② 포화지방산은 옥수수, 두류 등의 지질에 많이 함유되어 있다.

③ 지용성 비타민의 체내 배출을 돕는다.

④ 지방산과 글리세롤로 구성되며, 물에 녹는 성질이 있다.

16 두류에 대한 설명으로 옳은 것은?

① 대두의 사포닌은 설사를 유발한다.

② 팥은 비타민 E가 풍부하다.

③ 동부는 단백질 함량이 높고 탄수화물 함량이 낮다.

④ 땅콩에 함유된 지방성분 중 약 80%가 혈관에 좋은 포화지방이다.

17 감미료에 대한 설명으로 틀린 것은?

① 설탕은 감미도의 기준 물질이다.

② 꿀은 설탕보다 과당의 함량이 낮다.

③ 올리고당은 대장에서 유해 세균의 증식을 억제한다.

④ 조청은 전분을 맥아로 당화시킨 것이다.

답안 표기란

09 ① ② ③ ④

10 ① ② ③ ④

11 ① ② ③ ④

12 ① ② ③ ④

13 ① ② ③ ④

14 ① ② ③ ④

15 ① ② ③ ④

16 ① ② ③ ④

17 ① ② ③ ④

18 떡에 사용되는 재료에 대한 설명으로 틀린 것은?

① 지치는 기름에 넣고 끓여 색을 우려
 낸다.

② 오미자는 뜨거운 물에 담가 색과 맛을
 우려낸다.

③ 치자는 씻어 반으로 갈라 따뜻한 물에
 담가 우려낸다.

④ 대추고는 대추를 물에 푹 삶아 체에
 걸러 잼처럼 졸인다.

19 혈관 강화작용을 하는 루틴(Rutin) 성분이 배
 유에 풍부한 곡물은?

① 조   ② 수수

③ 보리   ④ 메밀

20 밀가루에 가장 많이 함유되어 있는 탄수화물은?

① 녹말   ② 덱스트린

③ 섬유소   ④ 글리코겐

21 떡 제조에 적합하지 않은 쌀의 종류는?

① 단립종   ② 멥쌀

③ 인디카형   ④ 자포니카형

22 떡에 부재료를 넣는 이유로 틀린 것은?

① 소화율을 상승시킨다.

② 쌀의 산성을 중화시킨다.

③ 쌀의 호화를 촉진시킨다.

④ 비타민 등 영양소를 보충한다.

23 해송자(海松子)라고 불리며 비타민 B_1과 철
 분이 풍부한 고물용 부재료는 무엇인가?

① 잣   ② 깨

③ 땅콩   ④ 호두

24 단백질에 대한 설명으로 틀린 것은?

① 체조직, 효소, 호르몬의 구성 성분이다.

② 체액과 혈액의 중성을 유지시킨다.

③ 체내에서 가수 분해되어 아미노산으
 로 흡수된다.

④ 탄소(C), 수소(H), 산소(O)의 3원소로
 구성된다.

25 켜떡이 아닌 것은?

① 팥시루떡   ② 도행병

③ 무리병   ④ 콩찰편

26 인절미를 부르는 명칭으로 틀린 것은?

① 인병   ② 은병

③ 은절병   ④ 절병

27 송편같이 빚은 떡을 제조할 때 반죽방법에 대
 한 내용으로 틀린 것은?

① 물의 온도가 낮을수록 반죽이 매끄럽
 고 부드럽다.

② 반죽을 많이 치댈수록 감촉이 좋다.

③ 익반죽을 하면 전분이 일부 호화되어
 잘 뭉쳐진다.

④ 반죽을 오래 치대면 부드러워진다.

28 계량 단위의 연결이 옳은 것은?

	1C	1Ts	1ts
①	180㎖	15㎖	5㎖
②	200㎖	15㎖	5㎖
③	200㎖	30㎖	10㎖
④	250㎖	25㎖	5㎖

답안 표기란

18	① ② ③ ④
19	① ② ③ ④
20	① ② ③ ④
21	① ② ③ ④
22	① ② ③ ④
23	① ② ③ ④
24	① ② ③ ④
25	① ② ③ ④
26	① ② ③ ④
27	① ② ③ ④
28	① ② ③ ④

29 녹두고물 제조 방법으로 틀린 것은?

① 녹두는 2시간 이상 물에 불리고 손으로 비벼 껍질을 완전히 제거한다.

② 녹두는 끓는 물에 푹 무르게 30분 정도 삶는다.

③ 찐 녹두에 소금을 넣어 절구로 빻는다.

④ 굵은체에 내려 사용한다.

30 백설기 제조 방법으로 틀린 것은?

① 멥쌀을 충분히 불린 후 소금을 넣어 2번 빻는다.

② 멥쌀가루에 물과 설탕을 넣고 잘 섞은 후 중간체에 내린다.

③ 찜기에 시루밑을 깔고 체에 내린 쌀가루를 고루 안친다.

④ 쌀가루를 안친 뒤 칼금을 깊이 넣어주면 찌고 난 뒤 떡이 잘 잘라진다.

31 붉은팥시루떡에 대한 설명으로 틀린 것은?

① 적팥고물을 찹쌀가루에 켜켜이 올려 안친 떡이다.

② 11월 동지의 절식으로 마을과 집안의 풍요를 빌었다.

③ '귀신이 붉은색을 기피한다.'는 속설이 있어 붉은팥시루떡으로 고사를 지내기도 하였다.

④ 붉은팥을 삶을 때는 사포닌을 제거하기 위하여 끓어오르면 물을 따라 버리고 새 물을 넣고 무르게 삶아 낸다.

32 떡의 포장 목적으로 틀린 것은?

① 먼지 등의 이물질 차단

② 외관을 아름답게 하여 상품성 향상

③ 수분의 방출을 차단하여 노화 촉진

④ 취급 및 운반의 편리성 향상

33 개인위생 관리에 대한 설명으로 틀린 것은?

① 완전 포장된 식품을 운반하거나 판매하는 일에 종사하는 종업원은 매년 1회 건강진단을 받아야 한다.

② 위장염 증상으로 설사나 구토 등의 증상이 있는 경우 즉시 상급자에게 보고하고 작업을 하지 않도록 한다.

③ 식품위생법 시행규칙에 의거 A형간염에 걸린 사람은 식품의 제조·가공·조리 분야에 종사할 수 없다.

④ 작업장 내에 음식물, 담배, 장신구 등 불필요한 개인용품을 반입하지 않도록 한다.

34 무시루떡에 대한 설명으로 틀린 것은?

① 음력 10월 상달에 만들어 먹은 떡이다.

② 무는 채 썰어 소금에 절인 후 쌀가루와 섞어준다.

③ 붉은팥고물을 이용하여 켜를 주어 시루에 찐 떡이다.

④ 팥을 사용하는 이유는 붉은색이 액막이를 의미하기 때문이다.

35 회갑 때 올리는 떡으로 틀린 것은?

① 백편　　　　　② 주악

③ 화전　　　　　④ 붉은찰수수경단

36 각 지역과 향토 떡의 연결이 틀린 것은?

① 서울, 경기 – 두텁떡

② 충청도 – 해장떡

③ 제주도 – 빙떡

④ 함경도 – 감자떡

답안 표기란

29	① ② ③ ④
30	① ② ③ ④
31	① ② ③ ④
32	① ② ③ ④
33	① ② ③ ④
34	① ② ③ ④
35	① ② ③ ④
36	① ② ③ ④

37 평안도 지역의 향토 떡으로 틀린 것은?

① 언감자송편 ② 조개송편
③ 찰부꾸미 ④ 송기떡

38 정월대보름의 절식으로 만들어 먹은 떡은?

① 약식 ② 쑥떡
③ 수단 ④ 전병

39 느티떡, 장미화전을 만들어 먹은 명절은?

① 유두 ② 단오
③ 초파일 ④ 삼진날

40 다음이 어원설이 설명하고 있는 떡은?

> 인조가 이괄의 난을 피해 내려왔을 때 떡을 먹으며 이름을 물었고 임씨네 집에서 바친 떡이라고 하자 '그것 참 절미로구나'라고 하여 이 떡의 이름이 생겨나게 되었다.

① 석이병 ② 인절미
③ 개피떡 ④ 석탄병

41 절식 떡의 연결이 틀린 것은?

① 3월 삼진날 – 진달래 화전
② 칠석 – 밀전병
③ 중양절 – 노비송편
④ 섣달 그믐 – 골무떡

42 통과의례와 떡에 대한 설명으로 옳은 것은?

① 삼칠일에는 오색송편을 준비하여 우주 만물과의 조화를 기원하였다.
② 백일에는 백설기를 준비하여 무병장수를 기원하였다.
③ 돌에는 갖가지 편류의 떡을 준비하여 조화로운 미래를 기원하였다.
④ 책례에는 속이 꽉 찬 송편만을 만들어 학문적 성과를 기원하였다.

43 떡의 내용이 기록되어 있는 조선시대 문헌으로 틀린 것은?

① 규합총서 ② 수문사설
③ 성호사설 ④ 목은집

44 다음 내용에서 유추할 수 있는 풍습으로 알맞은 것은?

> 송사(宋史)에서 말하기를, 고려는 상사일(上巳日)에 청애병(青艾餠)을 으뜸가는 음식으로 삼는다. 이것은 어린 쑥잎을 쌀가루에 섞어서 찐 떡이다.

① 떡이 제향음식의 하나였다.
② 떡이 절식으로 자리 잡게 되었다.
③ 연말에 떡을 하는 풍속이 있었다.
④ 떡이 일반에게 널리 보급되었다.

45 떡의 어원에 대한 설명으로 틀린 것은?

① 해장떡 : '해장국과 함께 먹었다'하여 붙여진 이름이다.
② 곤떡 : '색과 모양이 곱다'하여 붙여진 이름이다.
③ 차륜병 : '떡을 차갑게 식혀 만들었다' 하여 붙여진 이름이다.
④ 구름떡 : 썰어 놓은 모양이 '구름 모양과 같다'하여 붙여진 이름이다.

46 식품위생법 시행규칙에 따라 영업에 종사하지 못하는 질병으로 틀린 것은?

① 콜레라 ② 장티푸스
③ 홍역 ④ 피부병

답안 표기란	
37	① ② ③ ④
38	① ② ③ ④
39	① ② ③ ④
40	① ② ③ ④
41	① ② ③ ④
42	① ② ③ ④
43	① ② ③ ④
44	① ② ③ ④
45	① ② ③ ④
46	① ② ③ ④

47 포장·용기 표시사항에 대한 설명으로 틀린 것은?

① 품목보고번호 : 제조자가 관할 기관에 품목 제조를 보고할 때 부여되는 번호

② 소비기한 : 식품 등에 표시된 보관방법을 준수할 경우 섭취하여도 안전에 이상이 없는 기한

③ 원재료명 : 식품첨가물의 처리·제조 등에 사용되는 물질로 최종 제품에 들어있는 것

④ 영양성분 : 과자, 캔디류 및 빵류에 한하여 표시

48 다음이 설명하고 있는 고물의 종류는?

〈　　　〉고물 만들기
1. 재료를 미지근한 물에 담가 충분히 불린다.
2. 소금과 흑설탕을 넣은 후 팬에 볶아 졸여준다.
3. 식힌 후 사용한다.

① 서리태　　　　② 거피팥
③ 붉은팥　　　　④ 녹두

49 곡류와 같은 건조식품에 잘 번식할 수 있는 미생물은?

① 효모　　　　② 효소
③ 세균　　　　④ 곰팡이

50 손의 상처와 같은 화농성 질환자로 인해 발생할 수 있는 식중독은?

① 살모넬라균
② 장염비브리오
③ 황색포도상구균
④ 클로스트리디움 보툴리눔균

51 HACCP 인증 단체급식업소(집단급식소, 식품접객업소, 도시락류 포함)에서 조리한 식품은 소독된 보존식 전용 용기 또는 멸균 비닐봉지에 매회 몇 인분 분량을 담아 몇 ℃ 이하에서 얼마 이상의 시간 동안 보관해야 하는가?

① 1인분, 4℃ 이하, 100시간 이상
② 1인분, −18℃ 이하, 144시간 이상
③ 2인분, 0℃ 이하, 144시간 이상
④ 2인분, −18℃ 이하, 200시간 이상

52 작업장에서 안전사고가 발생했을 때 가장 우선하여 조치해야 할 것은?

① 즉시 작업을 중단하고 관리자에게 보고한다.
② 사고원인이 되는 장비 및 물질을 회수한다.
③ 본인이 직접 역학조사를 실시한다.
④ 모든 작업자를 대피시킨다.

53 주방의 청결작업 구역으로 틀린 것은?

① 배선구역　　　　② 전처리구역
③ 조리구역　　　　④ 식기보관구역

54 메밀을 이용하여 만든 떡이 아닌 것은?

① 빙떡　　　　② 겸절병
③ 총떡　　　　④ 빈자떡

55 다음이 설명하는 떡과 지역으로 바르게 연결된 것은?

찹쌀가루를 쪄서 안반에 놓고 쳐 인절미처럼 만든 다음 팥소를 넣고 네모지게 빚어 콩가루를 묻혀 만든 떡이다.

① 오쟁이떡 – 황해도
② 곱장떡 – 함경도
③ 방울증편 – 강원도
④ 찰부꾸미 – 평안도

답안 표기란

47	① ② ③ ④
48	① ② ③ ④
49	① ② ③ ④
50	① ② ③ ④
51	① ② ③ ④
52	① ② ③ ④
53	① ② ③ ④
54	① ② ③ ④
55	① ② ③ ④

56 약밥의 재료로 틀린 것은?

① 찹쌀　　　　② 간장

③ 밤　　　　　④ 팥

57 두텁떡의 거피팥고물 제조 시 사용하는 도구로 틀린 것은?

① 찜기　　　　② 냄비

③ 번철　　　　④ 어레미

58 감자 싹의 배당체화합물인 독성물질은?

① 뮤신　　　　② 셉신

③ 솔라닌　　　④ 얄라핀

59 조에 대한 설명으로 옳은 것은?

① 옥수수, 쌀 다음으로 소비가 많은 곡물이다.

② 곡류 중 알의 크기가 가장 크다.

③ 메조는 노란색, 차조는 녹색이다.

④ 탄닌(Tannin)을 함유하고 있어 소화율이 낮다.

60 멥쌀가루에 요오드 용액을 떨어뜨리면 변하는 색으로 옳은 것은?

① 청자색　　　　② 녹갈색

③ 적자색　　　　④ 변화 없음

답안 표기란

56　① ② ③ ④

57　① ② ③ ④

58　① ② ③ ④

59　① ② ③ ④

60　① ② ③ ④

글자
크기 | 화면
배치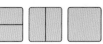

전체 문제 수 : 60
안 푼 문제 수 :

답안 표기란

01 ① ② ③ ④

02 ① ② ③ ④

03 ① ② ③ ④

04 ① ② ③ ④

05 ① ② ③ ④

06 ① ② ③ ④

07 ① ② ③ ④

01 쌀의 수침 시 수분 흡수율에 영향을 주는 요인이 아닌 것은?

① 쌀의 품종

② 쌀의 저장 기간

③ 수침 시 물의 온도

④ 쌀의 영양소 함유량

02 '서속'이라 불리는 곡물에 대한 설명으로 틀린 것은?

① 쌀 다음으로 우리나라에 도입되었다.

② 저장성이 강한 곡물이다.

③ 메조와 차조로 구분된다.

④ 오메기떡을 만드는데 주로 이용된다.

03 교차오염을 예방하는 방법으로 틀린 것은?

① 도마는 용도별로 색을 구분한다.

② 화장실에 조리화를 신고 가지 않는다.

③ 육류를 빠르게 해동하기 위해 냉장고 중간칸에 보관한다.

④ 날 음식과 익은 음식은 분리하여 보관한다.

04 재해의 유형과 원인이 바르게 연결된 것은?

① 절단 – 오븐, 스팀 등에 의해 발생

② 넘어짐 – 끓는 식용유 취급

③ 화상 – 깨진 그릇이나 유리 조각 취급

④ 끼임 – 불량한 작업복

05 영업의 허가를 받지 않은 자가 제조·가공·소분하여 판매한 경우 부과되는 벌칙으로 옳은 것은?(단, 해당 죄로 금고 이상의 형을 선고받거나 그 형이 확정된 적이 없는 자에 한한다.)

① 1년 이하의 징역 또는 1천만 원 이하의 벌금

② 3년 이하의 징역 또는 3천만 원 이하의 벌금

③ 5년 이하의 징역 또는 5천만 원 이하의 벌금

④ 10년 이하의 징역 또는 1억 원 이하의 벌금

06 떡 어원의 변천으로 옳은 것은?

① 찌기 – 떠기 – 떼기 – 떡

② 찌기 – 떼기 – 떠기 – 떡

③ 떼기 – 떠기 – 찌기 – 떡

④ 떼기 – 찌기 – 떠기 – 떡

07 다음 중 치는 떡의 표기로 옳은 것은?

① 증병(烝餅)

② 가병(跏餅)

③ 도병(搗餅)

④ 유전병(油煎餅)

08 삼국시대 이전부터 떡을 만들어 먹었을 것으로 추정되는 이유로 틀린 것은?

① 쌀을 비롯한 잡곡, 콩류를 재배하였다.
② 갈돌, 돌확 등이 유물로 출토되었다.
③ 청동기시대 유적지에서 시루가 출토되었다.
④ 수렵과 채취 생활을 하였다.

09 고려시대 떡에 관한 문헌으로 틀린 것은?

① 목은집   ② 해동역사
③ 지봉유설   ④ 도문대작

10 근·현대 떡의 특징으로 틀린 것은?

① 떡을 떡집에서 구입하여 먹기 시작했다.
② 근대에 들어와 단자류가 나타났다.
③ 떡의 대중화가 나타나고 있다.
④ 경제성장과 산업화로 식재료가 다양해졌다.

11 독성이 없어 인체에 무해하지만 습기에 약하고 열접착이 어려워 다른 포장재와 함께 사용하는 포장재는?

① 셀로판
② 아밀로스 필름
③ 폴리스티렌(PS)
④ 폴리프로필렌(PP)

12 가래떡의 제조 순서로 옳은 것은?

① 쌀가루 만들기 – 익반죽하기 – 압출 성형하기 – 찌기
② 쌀가루 만들기 – 찌기 – 압출 성형하기 – 절단하기
③ 쌀가루 만들기 – 반죽하기 – 압출 성형하기 – 찌기
④ 쌀가루 만들기 – 찌기 – 압출 성형하기 – 고물 묻히기

13 깨고물 제조 방법으로 틀린 것은?

① 깨는 씻어서 불린다.
② 이물질을 제거 후 물을 뺀다.
③ 물을 뺀 참깨는 곱게 갈아준다.
④ 갈은 참깨에 소금, 설탕을 넣고 섞어준다.

14 두텁떡을 만들 때 사용하지 않는 조리도구는?

① 체   ② 시루
③ 떡메   ④ 번철

15 떡에 대한 설명으로 틀린 것은?

① 떡은 제조방법에 따라 3가지로 구분된다.
② 켜떡은 쌀가루에 고물 등을 켜켜이 얹어 쪄낸 떡이다.
③ 증편은 기주떡, 기지떡, 술떡 등으로 지역마다 부르는 명칭이 다르다.
④ 경단은 찹쌀가루를 익반죽하여 둥글게 빚어 삶아 고물을 묻힌 떡이다.

16 켜떡이 아닌 것은?

① 콩찰편   ② 팥시루떡
③ 무리병   ④ 신과병

답안 표기란

08 ① ② ③ ④
09 ① ② ③ ④
10 ① ② ③ ④
11 ① ② ③ ④
12 ① ② ③ ④
13 ① ② ③ ④
14 ① ② ③ ④
15 ① ② ③ ④
16 ① ② ③ ④

17 필수지방산으로 틀린 것은?

① 올레산 ② 리놀레산
③ 아라키돈산 ④ 리놀렌산

18 송자(松子), 백자(柏子), 실백(實柏)이라고 불리며 떡의 고명으로 사용하는 재료는?

① 잣 ② 밤
③ 은행 ④ 대추

19 발색제 사용방법 및 주의사항으로 틀린 것은?

① 첨가 시 쌀가루와 균일하게 섞이도록 잘 비벼준다.
② 섬유질이 많은 분말은 1차 빻기 한 쌀가루에 넣어 2, 3차 빻기 하여 사용한다.
③ 발색제는 보통 쌀 무게의 10% 정도 사용한다.
④ 채소분말은 수분함량이 적으므로 사용하는 채소분말과 동량의 물을 더 넣어준다.

20 날콩에는 소화를 방해하는 물질이 있는데 이 성분은?

① 사포닌 ② 셉신
③ 안티트립신 ④ 아플라톡신

21 켜떡에 해당하지 않는 것은?

① 신과병 ② 도행병
③ 쇠머리떡 ④ 잡과고

22 재료 계량 방법으로 틀린 것은?

① 밀가루는 체에 친 후 계량컵에 수북하게 담아 스파튤라로 평평하게 깎아 계량한다.
② 흑설탕은 덩어리진 것을 부수어서 계량컵에 수북하게 담아 표면을 스파튤라로 깎아 계량한다.
③ 조청, 꿀 같은 점성이 있는 액체는 무게로 계량하는 것이 정확하다.
④ 가루 재료는 부피를 재는 것보다 무게로 계량하는 것이 더 정확하다.

23 다음의 전처리 방법으로 알맞은 재료는?

> 물에 여러 번 헹궈 깨끗하게 씻은 후 12시간 이상 물에 불린 후 포근포근 할 정도로 물에 삶거나 쪄서 사용한다.

① 완두배기 ② 서리태
③ 찹쌀 ④ 거피팥

24 켜떡의 고물로 주로 사용하는 재료로 틀린 것은?

① 쑥 ② 팥
③ 깨 ④ 녹두

25 약밥의 제조 방법으로 옳은 것은?

① 멥쌀을 주재료로 하여 대추, 밤 등의 부재료를 넣는다.
② 약밥은 양념 후 다시 찌므로 1차에 쌀이 덜 익도록 쪄낸다.
③ 양념을 할 때는 쌀알이 부서지지 않도록 고루 섞어준다.
④ 캐러멜소스를 만들어 색을 낸다.

답안 표기란

17	① ② ③ ④
18	① ② ③ ④
19	① ② ③ ④
20	① ② ③ ④
21	① ② ③ ④
22	① ② ③ ④
23	① ② ③ ④
24	① ② ③ ④
25	① ② ③ ④

26 떡 제조 시 작업자의 복장으로 틀린 것은?

① 지나친 화장은 피한다.

② 마스크를 착용한다.

③ 작업 변경 시마다 위생장갑을 교체한다.

④ 정확한 시간을 측정하기 위해 손목시계는 착용해도 무방하다.

27 회갑이나 제례에 고임떡 위에 장식으로 올린 떡의 명칭은?

① 웃기떡　　　② 각색병

③ 상화　　　④ 절편

28 충청도 지역의 향토 떡으로 옳은 것은?

① 해장떡, 호박떡

② 각색경단, 색떡

③ 감고지떡, 감인절미

④ 모시잎송편, 잣구리

29 지역별 향토 떡의 연결이 틀린 것은?

① 평안도 – 오쟁이떡

② 충청도 – 쇠머리떡

③ 제주도 – 오메기떡

④ 서울, 경기 – 여주산병

30 봉치떡에 대한 설명으로 틀린 것은?

① 신부집에서 신랑집으로 보내는 이바지 음식에 포함되었다.

② 찹쌀은 부부가 찰떡처럼 지내기를 기원하는 의미이다.

③ 대추와 밤은 자손의 번영을 의미한다.

④ 떡의 2켜는 부부를 의미한다.

31 도행병에서 '도행'이 의미하는 것은?

① 복숭아, 배　　　② 복숭아, 살구

③ 멥쌀, 복숭아　　　④ 멥쌀, 살구

32 다음에서 설명하는 것으로 유추할 수 있는 떡은?

> 신라 소지왕은 자신의 목숨을 구해준 까마귀에 대한 감사의 마음으로 매년 이것을 먹었다.

① 인절미　　　② 절편

③ 약밥　　　④ 쇠머리떡

33 떡이 상품화되어 일반에 널리 보급되었음을 알 수 있는 문헌은?

① 고려가요　　　② 도문대작

③ 음식디미방　　　④ 성호사설

34 차륜병, 쑥절편 등을 절식으로 먹는 명절을 부르는 말로 틀린 것은?

① 천중절　　　② 대보름

③ 중오절　　　④ 수릿날

35 식품의 변질에 대한 설명으로 틀린 것은?

① 발효는 탄수화물에 미생물이 작용하여 먹을 수 없게 변화된 상태이다.

② 산패는 유지 식품을 공기나 햇볕에 오래 두어 악취가 발생하는 상태이다.

③ 부패는 단백질에 미생물이 작용하여 유해한 물질을 만든 상태이다.

④ 변패는 단백질 이외의 식품에 미생물이 작용하여 변화된 상태이다.

답안 표기란

26	① ② ③ ④
27	① ② ③ ④
28	① ② ③ ④
29	① ② ③ ④
30	① ② ③ ④
31	① ② ③ ④
32	① ② ③ ④
33	① ② ③ ④
34	① ② ③ ④
35	① ② ③ ④

36 아포를 형성하는 균까지 사멸하는 소독의 방법으로 짝지어진 것은?

① 건열멸균법, 유통증기소독법

② 간헐멸균법, 건열멸균법

③ 화염멸균법, 초고압증기멸균법

④ 간헐멸균법, 초고압증기멸균법

37 소독의 지표가 되는 소독제는?

① 승홍수   ② 역성비누

③ 석탄산   ④ 크레졸

38 멥쌀을 이용하는 떡으로 틀린 것은?

① 백설기   ② 가래떡

③ 약밥   ④ 송편

39 송편 제조 방법으로 틀린 것은?

① 멥쌀가루에 소금과 찬물을 넣어 반죽한다.

② 송편의 소를 넣고 꼭 쥐어 안의 공기를 빼준다.

③ 쪄 낸 송편은 재빨리 찬물에 헹구어준다.

④ 찐 송편에 참기름을 바르면 서로 달라붙지 않는다.

40 약식, 약과 등의 약(藥)이 의미하는 재료는?

① 꿀   ② 찹쌀

③ 소금   ④ 한약재

41 멥쌀로 만든 떡이 찹쌀로 만든 떡보다 노화가 빠른 이유로 옳은 것은?

① 아밀로오스의 함량이 적다.

② 아밀로펙틴의 함량이 적다.

③ 섬유질의 함량이 적다.

④ 덱스트린의 함량이 적다.

42 떡의 주재료로 틀린 것은?

① 콩   ② 찹쌀

③ 보리   ④ 멥쌀

43 떡에 들어가는 재료의 연결이 틀린 것은?

① 와거병 – 상추

② 상주설기 – 단호박

③ 도행병 – 살구

④ 남방감저병 – 고구마

44 재료의 전처리 방법으로 틀린 것은?

① 현미 – 멥쌀보다 수침 시간을 적게 하여 사용한다.

② 호두 – 떫은맛을 제거하기 위해 끓는 물에 데쳐서 사용한다.

③ 잣 – 고깔을 떼어내고 한지에 놓고 곱게 다져서 사용한다.

④ 깨 – 볶은 후 빻아 종이로 기름을 빼서 사용한다.

45 쑥이나 수리취 등을 넣은 떡의 노화가 느린 이유로 알맞은 것은?

① 염분 함량이 높아서

② 당의 함량이 높아서

③ 식이섬유소 함량이 많아서

④ 알칼리성 식품이기 때문에

답안 표기란				
36	①	②	③	④
37	①	②	③	④
38	①	②	③	④
39	①	②	③	④
40	①	②	③	④
41	①	②	③	④
42	①	②	③	④
43	①	②	③	④
44	①	②	③	④
45	①	②	③	④

46 쇠머리떡을 제조할 때 들어가는 재료로 틀린 것은?

① 설탕 ② 밤

③ 멥쌀가루 ④ 대추

47 식품 속에 존재하는 수분을 결정화시켜 미생물의 증식을 차단하고 화학적 반응을 억제시켜 떡을 장기간 저장하기 위한 포장의 방법은?

① 일반 포장 ② 냉동 포장

③ 트레이 포장 ④ 무균 포장

48 감염형 식중독으로 틀린 것은?

① 살모넬라 식중독

② 장염비브리오 식중독

③ 병원성 대장균 식중독

④ 클로스트리디움 보툴리눔 식중독

49 자연독 식중독과 독성분의 연결이 옳은 것은?

① 복어 – 베네루핀

② 감자 – 아미그달린

③ 섭조개 – 시큐톡신

④ 버섯 – 무스카린

50 HACCP의 준비 단계로 틀린 것은?

① 제품설명서 확인 ② 제품 용도 확인

③ 공장흐름도 작성 ④ 한계기준 설정

51 떡 등을 제조·가공하는 영업자의 자가품질검사의 의무로 몇 개월마다 검사를 실시해야 하는가?

① 1개월 ② 3개월

③ 6개월 ④ 12개월

52 떡 제조 영업장이 위치해야 할 장소의 구비조건으로 틀린 것은?

① 전력 공급이 원활한 곳

② 환경적 오염이 발생하지 않은 곳

③ 가축 사육 시설이 가까이 위치한 곳

④ 식수로 적합한 물의 공급이 원활한 곳

53 삼국시대 문헌과 내용으로 틀린 것은?

① 고려사 – 광종이 걸인에게 떡을 시주하였고, 신돈이 떡을 부녀자에게 던져 주었다.

② 해동역사 – 고려시대 떡을 칭송한 중국인의 견문이 기록되어 있다.

③ 지봉유설 – 상사일(上巳日)에 청애병(靑艾餠)을 으뜸가는 음식으로 삼는다.

④ 쌍화점 – 유두일에 차수수로 전병을 부쳐 팥소를 싸서 만든 점서가 매우 맛이 좋다.

54 규합총서에 기록된 내용으로 틀린 것은?

① 장담그기, 술빚기, 밥·과즐·반찬 만들기가 수록되어 있다.

② 떡이라는 호칭이 처음 등장한다.

③ 석이병은 '그 맛이 좋아 차마 삼키기 아까운 떡'이라는 뜻이다.

④ 27종의 떡과 만드는 방법이 기록되어 있다.

답안 표기란				
46	①	②	③	④
47	①	②	③	④
48	①	②	③	④
49	①	②	③	④
50	①	②	③	④
51	①	②	③	④
52	①	②	③	④
53	①	②	③	④
54	①	②	③	④

55 돌상에 사용되는 떡으로 틀린 것은?

① 백설기 ② 수수경단

③ 오색송편 ④ 봉치떡

56 아이가 태어나서 10세가 될 때까지 매년 생일날에 해주는 떡은?

① 찹쌀떡 ② 백설기

③오색송편 ④ 찰수수경단

57 떡의 발달과 관련한 지역의 특징으로 틀린 것은?

① 강원도는 산악지대에서 생산되는 감자와 옥수수를 이용한 떡이 발달하였다.

② 서울·경기도 지역은 궁중음식의 발달로 떡이 멋스럽고 화려하다.

③ 충청도 지역은 우리나라 최대의 곡창지대로 다른 지역에 비해 떡의 종류가 다양하다.

④ 제주도는 논이 드물어 쌀보다는 잡곡을 이용한 떡이 발달하였다.

58 3대 명절로 틀린 것은?

① 설날 ② 한식

③ 단오 ④ 추석

59 재료의 전처리 방법으로 틀린 것은?

① 백미 : 가능한 10회 이상 씻어 깨끗하게 준비한다.

② 엽채류 : 중성세제로 세척한 후 흐르는 물에 4~5회 씻는다.

③ 근채류 : 부드러운 솔을 이용하여 깨끗하게 비벼 씻는다.

④ 건조식품 : 물에 가볍게 씻은 후 물에 담가 불린 후 사용한다.

60 비타민에 대한 설명으로 틀린 것은?

① 체내에서 합성이 가능하다.

② 성장유지에 꼭 필요한 영양소이다.

③ 에너지가 생성되는 대사를 돕는다.

④ 다양한 종류가 있으며 생리기능이 각각 다르다.

답안 표기란				
55	①	②	③	④
56	①	②	③	④
57	①	②	③	④
58	①	②	③	④
59	①	②	③	④
60	①	②	③	④

떡제조기능사 모의고사 1회 정답 및 해설

01	③	02	②	03	③	04	①	05	①
06	②	07	④	08	①	09	③	10	④
11	③	12	④	13	④	14	④	15	③
16	③	17	②	18	④	19	③	20	④
21	④	22	②	23	②	24	③	25	③
26	④	27	③	28	①	29	④	30	③
31	④	32	④	33	④	34	①	35	④
36	③	37	④	38	②	39	④	40	③
41	④	42	④	43	④	44	②	45	④
46	④	47	④	48	④	49	④	50	③
51	①	52	①	53	④	54	④	55	①
56	④	57	③	58	③	59	③	60	④

01
쌀의 수침 시간이 증가하면 조직이 연화되어 입자의 결합력이 감소한다.

02
① 땅콩에는 필수지방산인 리놀레산이 풍부하다.
② 팥은 비타민 B_1의 함량이 많아 탄수화물 대사 및 각기병 예방에 탁월하다.
③ 검은콩의 안토시아닌 색소는 금속이온과 반응하면 색이 더욱 진해진다.
④ 사포닌은 설사를 유발하는 물질이다.

03
체의 종류
• 어레미 : 지름 3mm 이상, 주로 고물을 내릴 때 사용
• 도드미 : 성글게 짠 것
• 중거리 : 지름 2mm
• 가루체 : 지름 0.5 ~ 0.7mm

04
팥에는 칼슘, 칼륨, 인뿐만 아니라 탄수화물 대사에 필수적인 비타민 B_1이 풍부하다.

05
떡살은 주로 절편을 만들 때 문양을 내는 용도로 사용한다.
두텁떡 제조 시 거피팥을 체에 내린 후 번철에 볶아 거피팥고물을 만들어 찹쌀과 함께 시루에 안쳐 찐다.

06
• 증병 : 찌는 떡
• 유전병(유병) : 지지는 떡
• 전병 : 지지는 떡 또는 찹쌀가루나 밀가루 따위를 둥글넓적하게 부친 음식

07
색소의 첨가는 외관을 좋게 하여 식욕을 돋우는 역할을 한다.
노화 억제 방법 : 수분 함량 30% 이하, 수분 함량 60% 이상 유지, 냉동 보관, 설탕 같은 용질 첨가, 유화제 첨가

08
조리 : 물에 불린 쌀을 일어 돌과 같은 이물질을 골라낼 때 사용하는 도구

09
아밀로펙틴으로만 구성된 찹쌀은 멥쌀보다 수분을 적게 주어야 한다.

10
• 불용성 섬유소 : 셀룰로오스, 리그닌, 헤미셀룰로오스
• 수용성 섬유소 : 펙틴, 검, 뮤실리지, 알길산 등
• 펙틴 : 해조류, 과일류에 많으며 겔을 형성하여 잼, 젤리를 만드는 데 사용

11
'골무떡'은 치는 떡(도병)에 해당한다.
멥쌀가루를 시루에 찐 후 절구에 쳐서 골무처럼 작게 만든 절편이다.

12
• 주재료 : 찹쌀, 멥쌀
• 부재료 : 콩, 팥, 밤, 대추, 호두, 은행 등

13
쌀의 수침 시 영향을 주는 요인 : 쌀의 상태(품종, 저장 기간), 물의 온도 등

14
반죽할 때 뜨거운 물로 익반죽해야 전분의 호화가 촉진되어 반죽이 매끄럽고 부드러워 모양을 만들기 쉽다.

15
- 안반 : 흰떡이나 인절미 등을 치는 데 쓰이는 받침
- 맷방석 : 흘러내린 곡물가루를 받아내는 방석
- 떡메 : 떡을 치는 공이
- 쳇다리 : 으깬 곡물 등을 체에 내릴 때 올려놓는 받침대
- 이남박 : 쌀 등을 씻을 때 사용하는 도구

16
팥시루떡은 쌀가루를 나누어 중간 켜와 켜 사이에 고물을 얹어가며 찌는 켜떡이다.

17
① 찰떡은 메떡에 비해 익는 시간이 길다.
③ 찹쌀은 증기가 잘 통할 수 있도록 1회만 거칠게 빻는 것이 좋다.
④ 팥은 불리지 않고 삶아서 사용한다.

18
'쑥개떡'은 빚어 찌는 떡에 해당한다.

19
- 노화 촉진 온도 : 0~4℃
- 노화 억제 온도 : −18℃ 이하

20
'식품 등의 표시·광고에 관한 법률'에 의거 포장지 제품에 대한 정보를 표시해야 한다.
제1조(목적) : 이 법은 식품 등에 대하여 올바른 표시·광고를 하도록 하여 소비자의 알 권리를 보장하고 건전한 거래질서를 확립함으로써 소비자 보호에 이바지함을 목적으로 한다.

21
떡류 포장 표시사항 : 제품명, 식품의 유형, 내용량 및 원재료명, 영업소 명칭 및 소재지, 소비자 안전을 위한 주의사항, 소비기한 또는 품질유지기한, 포장·용기 재질, 품목보고번호, 영양표시 등 (해당하는 경우 방사선조사, 유전자변형식품, 보관상 주의사항)

22
글루텐은 밀가루의 단백질이며, 떡의 반죽은 많이 치댈수록 반죽 내 공기 입자가 작아져 부드러우면서 감촉이 좋아진다.

23
약밥(약식) 제조 시 찹쌀을 1차에서 충분히 찐 후 부재료와 양념을 넣고 2차로 찐다.

24
일반적으로 완전 동결의 상태에서는 미생물과 효소 등의 작용이 억제되어 식품이 변질되기 어렵다.

25
백설기 내부까지 증기가 침투되도록 쌀가루를 누르지 않고 고루 펴서 안치는 것이 중요하다.

26
여름철 상온에서 오래 두게 되면 변질의 위험성이 높으므로 냉동 보관해야 한다.

27
인절미는 인병, 인절병, 은절병이라 불린다.

28
② 20~25분 정도 찌고, 불을 끄고 5분 정도 뜸을 들인다.
③ 물통의 물이 끓어오르면 찜기를 올려서 찐다.
④ 쌀가루에 물을 주고 중간체에 내린다.

29
떡살은 떡의 문양을 새기는 도구이다.

30
요오드 정색반응
- 멥쌀가루 – 청자(청남)색
- 찹쌀가루 – 적갈색

31
가래떡 제조 방법 : 쌀가루 만들기 → 시루에 찌기 → 압출 성형 → 절단

32
약(藥)자가 들어가는 음식과 한약재와는 관련이 없다.

33
캐러멜소스를 만들 때 젓게 되면 결정이 생길 수 있다. 설탕은 170℃ 이상에서 갈색으로 변한다.

34
식품의 변형을 일으키지 않으려면 급속 냉동 방법을 이용한다. 완만 냉동은 조직의 변형을 가장 많이 일으키는 방법이다.

35

고체 지방의 부피를 계량 시 부드럽게 한 후 꾹꾹 눌러 담아 계량한다.

36

화학물질은 다른 물질과 섞어 사용하지 않으며, 물질 특성에 알맞은 취급 방법을 숙지한다.

37

식품 영업장은 축산폐수, 화학물질 등의 오염 가능성이 있는 곳과는 최대한 멀리 떨어져 있는 것이 위생상 안전하다.

38

① 살모넬라균 : 오염된 물이나 음식의 섭취 및 감염된 동물의 접촉을 통해 감염
② 황색포도상구균 : 황색포도상구균은 80℃에서 30분간 가열하면 사멸하지만 생산한 독소(엔테로톡신)는 100℃에서 30분간 가열해도 파괴되지 않음
③ 캠필로박터균 : 오염된 닭고기를 완전히 익히지 않고 섭취하였을 때 감염
④ 노로바이러스 : 오염된 음료나 식품 섭취를 통해 감염

39

① 승홍 : 손, 피부의 소독
② 석탄산 : 변소, 하수도의 소독, 살균력의 기준으로 삼는 물질
③ 크레졸 : 오물, 손 소독에 사용물질

40

- 단백질 식품이 변질되면 아민, 암모니아, 황화수소, 인돌 등이 생성되어 악취를 낸다.
- 지방질 식품이 산패되며 과산화물이 증가한다.
- 토코페롤은 비타민 E를 뜻한다.

41

식품위생법의 벌칙에 의거 인체의 건강을 해할 우려가 있는 식품 또는 식품첨가물을 판매 또는 판매의 목적으로 제조·수입·가공·사용·조리·저장 등을 못하게 한 규정을 위반했을 경우 10년 이하의 징역 또는 1억 원 이하의 벌금이 있다.

42

물리적 살균	화학적 살균
자외선 살균법, 방사선 살균법, 일광 소독법, 소각 멸균법, 열탕 소독법 등	염소, 차아염소산나트륨, 석탄산, 역성비누, 과산화수소, 승홍, 크레졸, 생석회 등

43

교차오염이나 식품에 오염물질이 혼입되지 않도록 반지, 귀걸이, 시계와 같은 장신구의 착용을 금한다. 작업 변경 시마다 위생장갑을 교체하여 오염을 방지한다.

44

구리 성분에 산성 식품(식초 등)이 반응하면 부식될 수 있으므로 식품 제조에 적합하지 않다.

45

베네루핀 : 바지락, 모시조개, 굴에 의한 자연 식중독균으로 중독되면 구토, 복통을 일으킨다.

46

오쟁이떡은 황해도 지역의 향토 떡이다.
평안도 지역의 향토 떡은 조개송편, 장떡, 강냉이골무떡, 송기떡 등이 있다.

47

약식(밥)의 유래가 담긴 문헌은 삼국유사이다.
〈삼국사기〉 열전에는 '백결선생은 가난하여 떡을 치지 못하는 아내의 안타까움을 달래주기 위하여 거문고 방아소리를 내어주었다'는 기록으로 보아 절구에 친 인절미 등이었음을 추측할 수 있다.

48

- 중양절 절식 : 국화주, 국화전
- 가을철 시식 : 잡과병, 밀단고
  - 잡과병 : 멥쌀가루와 여러 과일을 섞어 만든 떡
  - 밀단고 : 찹쌀가루를 익반죽하여 익힌 후 팥고물을 묻힌 떡

49

삼짇날(음력 3월 3일)에는 진달래화전, 향애단, 쑥떡, 절편 등을 만들어 먹는다.
① 약식 : 정월대보름
② 수리취절편 : 단오
③ 느티떡 : 초파일

50

밤과 대추는 자손 번창을 기원하는 의미이다.

51

- 인절미 : 백결선생은 집이 가난하여 떡을 치지 못해 거문고로 떡방아 소리를 내었다.
- 약식 : 신라 소지왕 10년, 사금갑조에 역모를 알려준 까마귀의

은혜에 보답하기 위해 정월 15일 대추로 까마귀의 깃털 색과 같은 약식을 지어 먹은 기록이 있다.

52

인절미는 찰떡처럼 끈기 있는 사람이 되라는 기원

53

- 오쟁이떡 : 오쟁이(망탱이)처럼 생겨서 붙여진 이름
- 빙떡 : 돌돌 말아서 만들어 빙떡, 멍석처럼 말아 감아서 멍석떡이라고 불림

54

〈이조궁정요리통고〉는 1957년 한희순 상궁과 황혜성 교수가 저술한 궁중음식과 떡에 관련한 책이다.

55

돌상에는 백설기, 붉은찰수수경단, 오색송편, 인절미, 무지개떡 등을 올린다.

56

② 향애단 : 찹쌀가루에 쑥을 넣고 반죽하여 만든 경단, 삼짇날에 만들어 먹음
④ 유엽병 : 느티떡이라고 하며 초파일에 먹었던 떡

57

납일은 조상이나 종묘, 사직에서 제사를 지내던 날이다.

58

약편(대추편) : 멥쌀가루, 대추, 막걸리, 석이, 밤 등으로 만든다. 대추를 걸쭉하게 조린 후 버무려 찐 떡으로, 충청도의 향토 떡이다.

59

삼복과 칠석에는 쉽게 상하지 않는 깨찰편, 주악, 증편 등을 먹는다. 팥고물은 여름철에 쉽게 상한다.

60

- 오려송편 : 추석
- 삭일송편 : 중화절(음력 2월 1일)

떡제조기능사 모의고사 2회 정답 및 해설

01	③	02	③	03	③	04	③	05	②
06	②	07	④	08	①	09	①	10	①
11	④	12	②	13	④	14	③	15	④
16	①	17	①	18	①	19	③	20	③
21	④	22	①	23	②	24	②	25	②
26	②	27	④	28	③	29	④	30	④
31	④	32	③	33	②	34	④	35	③
36	③	37	①	38	③	39	③	40	④
41	③	42	③	43	④	44	①	45	②
46	④	47	①	48	③	49	③	50	②
51	④	52	①	53	④	54	①	55	②
56	③	57	③	58	①	59	④	60	②

01

폴리에틸렌은 가장 많이 사용되는 포장재이다.

02

포장의 기능 : 정보의 제공, 이물질 차단 및 파손 방지를 통한 안전성 향상, 노화 지연, 상품성 가치 상승, 판매 촉진, 제품의 중량과 성분 파악 등

03

서속(黍 기장 서, 粟 조 속)은 기장과 조를 의미한다.

04

봉치떡이라고도 하며, 혼례 때 신부집에서 찹쌀가루로 만든다.

05

- 노화 촉진 : 온도 0 ~ 5℃, 수분함량 30 ~ 60%
- 노화 억제 : − 18℃ 이하, 60℃ 이상

06

호염균은 염분의 농도가 높은 곳에서 발육, 번식하는 세균이다.
① 살모넬라 식중독 : 달걀, 가금류, 단백질 식품 등이 원인
③ 병원성대장균 식중독 : 분변 오염 지표균
④ 황색포도상구균 식중독 : 화농성 질환자가 조리한 음식 등이 원인

07

루틴은 메밀에 함유된 성분이다.

08

색떡 : 설기떡

09

- 납폐일에는 함을 맞이하며 신부집에서 봉치떡을 만들어 준비한다.
- ② 석탄병 : 쌀가루와 감가루를 섞어 만든 떡
- ③ 은절병 : 인절미를 일컫는 말
- ④ 대추약편 : 멥쌀가루에 대추고, 막걸리를 넣어 찐 떡

10

조리는 곡류를 일어 돌 등의 불순물을 골라내는 기구이다.

11

- ① 주악 : 찹쌀가루를 익반죽하여 송편처럼 빚어 기름에 지져내는 떡
- ② 단자 : 찹쌀가루를 되게 반죽하여 끓는 물에 삶아 내어 친 후 소를 넣고 둥글게 빚어 고물을 묻힌 떡
- ③ 화전 : 찹쌀가루를 익반죽하여 둥글고 납작하게 빚어 기름에 지진 떡

12

석이편법은 잣을 반으로 갈라 비늘잣을 만든 후 고명으로 사용한다.

13

쌀은 탄수화물 60%, 소량의 단백질(오리제닌)로 구성되어 있다.

14

식품 변질에 영향을 주는 인자 : 영양소, 수분, 온도, pH, 산소

15

석탄병 : 조선시대 설기떡

16

- 어레미 : 아주 성글게 짠 것, 얼레미, 얼맹이, 고물체, 굵은체
- 고운체 : 말총으로 올의 간격을 촘촘히 짠 것

17

색떡은 혼례 때 사용하는 떡이다.

18

잣은 지방, 단백질을 함유, 비타민B_1과 철분이 풍부하다.

19

- ③ 백국 : 밀가루에 찹쌀가루를 더 넣어 빚은 누룩
- 떡국의 다른 이름 : 백탕, 병탕, 첨세병

20

- ③ 단오 : 수리취절편(차륜병)
- 상화병 : 유두절에 먹는 떡

21

- ① 색떡 : 멥쌀가루를 찐 다음 여러 가지 색으로 물을 들여 만든 떡
- ② 석탄병 : 멥쌀가루에 감가루를 섞어 여러 고물과 녹무 고물을 위아래 안쳐 찐 떡
- ③ 복령떡 : 백복령가루와 멥쌀가루를 꿀물에 버무려 거피팥고물에 켜켜이 찐 떡

22

- ① 고려 후기 원나라의 영향으로 만들어졌다. → 쌍화점은 최초로 상화를 판매한 가게이다.

23

포장용기 표시사항 : 제품명, 식품 유형, 영업장소의 상호와 소재지, 소비기한, 원재료명, 영양성분, 성분명 및 함량, 포장·용기 재질, 품목 보고번호, 보관방법 및 주의사항 등을 표시

24

생 식품류의 재배, 사육 단계에서 발생할 수 있는 1차 오염은 자연환경에서의 오염이다.

25

부귀 : 조랭이떡, 가래떡

26

- ① 0~4℃에서 떡의 노화가 가장 빠르다.
- ③ 쑥, 호박, 무 등의 부재료는 식이섬유가 많아 노화를 늦춘다.
- ④ 찹쌀보다 멥쌀이 더 노화가 빠르다.

27

- ① 종이 : 경제적이고 간편한 장점이 있으나 습기와 충격에 약한 단점이 있다.
- ② 유리 : 가열 살균이 가능하고 내용물을 볼 수 있다는 장점이 있으나 충격에 약하여 파손될 수 있다.
- ③ 금속 : 식품 포장용으로 안전하고 보관이 오래 가능하지만 습기 등에 약해 녹이 발생할 수 있다.

28

익반죽을 할 때는 끓는 물을 사용해야 쌀의 전분 일부를 호화시켜 점성을 높여 반죽을 할 수 있다.

29

- 중화절 : 삭일송편(노비송편)
- 추석 : 오려송편(올벼로 빚은)

30

동구리 : 음식을 담아낼 때 사용하는 바구니

31

팥의 사포닌 성분은 설사 등을 유발하기 때문에 이를 일부 제거한 뒤 사용해야 배탈이 나지 않는다.

32

오미자는 찬물로 우린다. 더운물에 우릴 경우 쓴맛이 우러날 수 있으므로 시간이 오래 걸리더라도 찬물에 우린다.

33

① 송편 : 빚는 떡
③ 무시루떡 : 켜 떡
④ 유자단자 : 치는 떡
- 잡과병 : 멥쌀가루에 밤, 대추, 곶감 등 과일과 잣, 호두 등 견과류를 넣고 찐 무리떡

34

약식은 찹쌀은 찐 후 밤, 호박고지, 대추 등의 부재료와 간장, 참기름, 꿀을 넣어 다시 쪄낸 음식이다.

35

① 경단 : 삶는 떡, 주악 : 지지는 떡
② 송편 : 빚어 찌는 떡, 약밥 : 찌는 떡
④ 팥고물시루떡, 콩찰떡 : 찌는 떡

36

식품 포장재 구비 조건 : 위생성, 안전성, 보호성, 상품성, 경제성, 간편성 등

37

장관출혈성 대장균은 감염된 소로부터 생산된 우유 또는 이로 만들어진 유제품으로 인해 감염된다. 주로 어린이나 노년층에서 주로 감염되며 베로독소를 생산하여 용혈성 요독증과 신부전증을 발생시킨다.

38

쌀은 밀가루와 달리 글루텐 단백질이 없어 반죽을 했을 때 점성이 생기지 않으므로 뜨거운 물을 넣어 전분을 일부 호화시켜 점성을 높여 반죽하는 방법을 익반죽이라 한다.

39

① 백설고 : 멥쌀가루의 켜를 얇게 잡아 켜마다 흰 종이를 깔고 시루에 찐 떡으로 삼칠일, 백일, 돌 등의 떡으로 사용
② 토란병 : 토란을 삶아 으깨 찹쌀가루와 섞어 동글납작하게 빚어 지진 떡
④ 승검초단자 : 찧은 승검초 잎과 찹쌀가루를 섞어 익반죽한 후 모양을 빚어 삶고 고물을 묻힌 떡

40

떡은 수분 함량이 많아 쉽게 상하므로 김이 빠진 후 포장한다.

41

가래떡은 멥쌀가루로 만든다.

42

구름떡 : 찐 떡을 그릇에 떼서 눌러 담아 여러 층이 생기도록 한다.
① 깨찰편 : 찹쌀가루에 참깨가루, 흑임자가루를 켜켜이 안쳐 찐 떡이다.
② 꿀찰떡 : 고물을 위아래 깔고 중간 켜에 흑설탕을 안쳐 찐 떡이다.
④ 쇠머리떡 : 콩, 밤, 대추 등을 찹쌀가루에 섞어 찐 떡이다.

43

① 비소 : 방부제, 살충제
② 수은 : 수은으로 오염된 어패류 섭취
③ 주석 : 주석 성분이 포함된 통조림

44

백자병 : 지지는 떡

45

떡살은 떡에 문양을 내는 도구이다.

46

포도당, 과당, 갈락토오스는 단당류로 더 이상 분해가 되지 않는다.

47

산병은 가래떡을 이용하여 만든 치는 떡이다.

48

쇠머리떡은 충청도에서 즐겨 먹는 떡이다. 콩, 대추, 밤, 호박고지 등을 찹쌀가루에 섞어 찐 떡이다.

49

서여향병은 마를 통째로 찐 후 썰어 꿀에 재어 두었다가 찹쌀가루를 묻혀서 지져낸 다음 잣가루를 입힌 떡이다.
① 청애병 : 쑥잎을 쌀가루에 섞어서 찐 떡
② 상실병 : 도토리가루를 멥쌀가루 혹은 찹쌀가루와 섞어 찌는 떡
④ 남방감저병 : 고구마를 찹쌀가루와 섞어서 시루에 찐 떡

50

녹두고물 : 불려 김 오른 찜기에 찐 후 어레미에 내려 사용한다.

51

제례에는 편류의 떡을 사용, 붉은팥은 귀신을 쫓는 의미로 제례에 사용하지 않는다.

52

인절미는 찹쌀을 쪄서 찰기가 나게 친 다음 썰어 고물을 묻힌다.

53

① 호화 : 전분에 물을 넣고 가열하연 전분입자가 팽창하여 부풀어 오르고 점성이 생기는 현상(예 밥, 떡)
② 노화 : 호화된 전분이 굳어져 단단해지는 현상(예 식은 밥이나 떡)
③ 당화 : 전분에 효소나 산을 넣어 온도(60℃ 전후)를 알맞게 맞춰주면 전분이 가수분해되어 단맛이 증가되는 것(예 식혜)

54

호화의 요인 : 수분 함량, 염도, 가열 온도, 전분의 종류, 당도, pH 등

55

① 팥물이 빠지기 때문에 불리지 않는다.
③ 한 번 끓인 물은 버리고 헹궈 새 물로 끓인다.
④ 소다를 넣으면 비타민B1이 파괴된다.

56

• 붉은색 : 백년초, 비트, 딸기
• 노란색 : 송화

57

진열 전의 떡은 서늘한 곳에 보관한다.

58

인수공통감염병은 탄저, 결핵, 공수병, 큐열 등이 있다.

59

① 가피병 : 바람떡, 개피떡
② 첨세병 : 설날에 먹는 음식, 떡국을 가리킴
③ 석탄병 : 감가루와 대추, 밤 등을 첨가해 찐 설기떡

60

• 세균성 감염 : 결핵, 콜레라, 장티푸스 등
• 바이러스성 감염 : 홍역, 폴리오, 광견병 등

떡제조기능사 모의고사 3회 정답 및 해설

01	①	02	③	03	①	04	③	05	④
06	③	07	④	08	③	09	①	10	①
11	④	12	①	13	①	14	①	15	④
16	③	17	②	18	④	19	③	20	④
21	③	22	③	23	①	24	①	25	③
26	③	27	①	28	③	29	③	30	③
31	②	32	②	33	③	34	②	35	②
36	①	37	②	38	④	39	④	40	③
41	③	42	④	43	③	44	④	45	①
46	③	47	②	48	①	49	①	50	④
51	②	52	①	53	④	54	③	55	②
56	④	57	③	58	①	59	②	60	④

01

- 타닌 – 갈색
- 카로티노이드 – 황색, 오렌지색

02

팥을 익힐 때 소다를 넣으면 영양소인 비타민 B1이 파괴된다.

03

갈색 – 대추고, 도토리, 계핏가루

04

- 검은색 : 석이버섯, 흑임자
- 노란색 : 치자, 송화가루, 단호박가루
- 갈색 : 계핏가루, 대추고, 도토리
- 분홍색 : 지초, 비트, 오미자
- 초록색 : 승검초, 녹차, 쑥, 모시

05

전분의 호화

	빠르다	느리다
전분의 종류	서류(전분입자 크다)	곡류(전분입자 작다)
쌀의 종류	멥쌀	찹쌀
가열 온도	높다	낮다
수분 함량	많다	적다
상태	알칼리성	산성

06

아밀로펙틴이 수증기에 의해 쉽게 호화되어 점성이 생겨 수증기가 위로 올라가는 것을 방해하기 때문에 아밀로펙틴이 100%인 찹쌀을 더 거칠게 빻는다.

07

아밀로펙틴의 함량이 많을수록 노화의 진행이 느리다.

08

3대 영양소는 탄수화물, 지방, 단백질이다.

09

아밀로펙틴이 수증기에 의해 쉽게 호화되면서 점성이 생기는데 체에 여러 번 내리면 수증기가 위로 오르는 것을 방해하여 잘 안 익을 수 있다.

10

경단은 찹쌀가루를 익반죽하여 둥글게 빚은 뒤 삶아 고명을 묻힌다.

11

혼돈병 : 찹쌀가루에 승검초가루, 계핏가루, 꿀 등을 섞어 찌는 떡이다.

12

② 절편 : 시루에 찐 설기를 떡메로 쳐 한 덩어리로 만들어 떡살로 찍은 떡
③ 산병 : 멥쌀가루를 쪄서 안반에 쳐 얇게 민 다음 소를 넣고 개피떡처럼 찍어 낸 떡
④ 빙자병 : 녹두를 갈아 팥이나 밤을 소로 넣어 지져낸 떡

13

어레미는 아주 성글게 짠 체를 의미한다. 송편은 고운체에 체질하는 것이 좋다.

14

물에 불리기 → 찜기에 찌기 → 어레미에 내리기 → 양념하기 → 번철에 볶기

15

① 떡메 : 떡을 내려치는 도구
② 떡판 : 두껍고 넓은 나무판
③ 안반 : 떡을 칠 때 쓰는 두껍고 넓은 나무판
④ 이남박 : 쌀 씻을 때 사용하는 도구

16

- 펀칭기 – 인절미, 바람떡 등을 치대거나 반죽하여 찰기가 형성되게 만들어 주는 기계
- 제병기 – 모양 틀을 용도에 맞게 꽂아 가래떡, 떡볶이 떡 등을 뽑는 기계

17

밀가루는 체로 쳐서 수북하게 담은 후 평평하게 깎아 계량한다.

18

팥은 불리지 않고 그대로 삶으며, 소다를 넣으면 색은 진해지나 영양소인 비타민 B1이 파괴된다.

19

약편은 충청도의 향토떡으로 멥쌀가루에 대추고와 막걸리를 넣어 찐 떡이다.

20

약밥 색을 내는 재료 : 대추고, 황설탕, 간장, 캐러멜소스, 참기름, 계핏가루 등

21

인절미는 찹쌀가루를 가볍게 쥐어 놓고 찜기에 25~30분 정도 찐다.

22

상추떡 : 멥쌀가루와 상추를 넣어 시루에 찐 떡이다.

23

쌀 씻기 → 불리기 → 물 빼기 → 빻기 → 소금 넣기 → 등분하기 → 각각의 색을 내서 물 주기 → 체에 내리기 → 설탕 넣기 → 각각의 색 순서대로 수평 맞춰 안치기 → 찌기

24

약밥 : 찹쌀 씻기 → 불리기 → 물 빼기 → 1차 찌기 → 소금물 뿌리기 → 찌기 → 양념, 부재료 섞기 → 상온 보존 → 2차 찌기 → 모양 만들기

25

- 약식 : 찐 찹쌀에 대추, 밤, 잣 등에 간장, 꿀 등을 버무려 다시 찐 떡
- 단자 : 찹쌀가루를 쪄서 치댄 후 둥글게 빚어 꿀이나 고물을 묻힌 떡
- 무지개떡 : 쌀가루에 여러 색을 들여 고물 없이 찐 떡

26

인절미는 찹쌀을 쪄서 찰기가 나도록 친 후 고물을 묻히는 치는 떡이다.

27

송편의 소는 반죽 무게의 1/4~1/3 정도로 한다. 송편은 익반죽으로 해야 더 쉽게 빚을 수 있다.

28

조리 작업 시 장신구는 착용하면 안 된다.

29

여름철 떡은 상온에서 쉽게 상할 수 있으므로 단시간에 섭취하는 것이 좋다.

30

- 떡류 포장 표시사항 : 제품명, 식품의 유형, 영업소(장)의 명칭(상호) 및 소재지, 소비기한, 내용량, 원재료명, 성분명 및 함량, 용기(포장) 재질, 품목보고번호, 해당하는 경우 방사선조사, 유전자변형식품, 보관상 주의사항 표시
- 제조자는 표시사항이 아니다.

31

포장은 식품의 보관뿐 아니라 판촉, 홍보 등의 기능도 포함한다.

32

노화는 0~4℃일 때 가장 일어나기 쉽다. 냉장실의 온도 대가 노화가 가장 잘 일어나는 온도이다.

33

폴리에틸렌은 인체 무독성으로 내수성이 좋아 식품 포장재로 가장 많이 사용한다.

34

폴리에틸렌은 인체 무독성으로 식품 포장재로 가장 많이 사용한다.

35

안전 점검표에는 점검 일자, 점검자, 승인자, 제조공정별 개인 안전 관리 상태, 개선 조치 사항, 특이사항 등을 점검하고 기록·관리한다.

36

자비멸균법은 100℃로 끓는 물에 15~20분간 가열 살균하는 방법이다.

37

미생물 생육에 필요한 수분활성도 크기는 세균 〉 효모 〉 곰팡이 순이다.

38

황색포도상구균의 잠복기는 평균 3시간 정도로 식중독 중 가장 빠르다.

39

대장균은 물, 흙 속에서 존재하고 있으며, 분변 오염의 지표로 사용한다.

40

독소형 식중독 : 포도상구균 식중독, 보툴리누스균 식중독

41

• 시큐톡신 : 독미나리
• 테물린 : 독보리

42

방부제 – 식품의 변질, 변패를 방지하기 위해 사용
수분활성도를 낮추는 방법에는 당장법, 염장법, 건조법 또는 냉동법이 있다.

43

채소류는 데친 후 찬물에 재빨리 식힌 다음 물기를 제거하여 동결한다.

44

비전염성 결핵의 경우 식품 영업에 종사할 수 있다.
식품 영업에 종사할 수 없는 질병 : 결핵, 콜레라, 장티푸스, 파라티푸스, 세균성이질, 장출혈성대장균, A형간염, 피부병, 화농성질환, AIDS 등

45

허가를 받아야 하는 영업 : 식품조사처리업, 단란주점영업과 유흥주점영업

46

〈규합총서〉 : 조선시대 빙허각 이씨가 저술한 조리서

47

㉯, ㉺는 〈삼국유사〉에 나오는 내용이다.

48

약식은 〈삼국유사〉에 목숨을 살려준 까마귀에 대한 보은으로 찰밥을 지어 먹은 정월대보름의 풍습에서 유래되었다.

49

② 첨새병 : 설날에 먹는 떡국
③ 석탄병 : 감가루와 대추, 밤 등을 첨가해 찐 설기떡
④ 가피병 : 바람떡, 개피떡

50

'원행을묘정리의궤'에 기록된 내용을 보면 백미병, 점미병, 삭병, 꿀설기, 석이병, 각색 절편·주악·산승·단자병, 약반(약밥, 약식) 등이 있다.

51

① 쑥단자 – 한식
③ 가래떡 – 설날
④ 봉치떡 – 혼례

52

달떡과 색떡은 혼례상에 올리는 떡이다. 무지개떡은 돌상에 올린다.

53

봉채떡 또는 봉치떡은 찹쌀가루로 만드는 떡이다.

54

우리나라 식품 전문서로 가장 오래된 책은 〈도문대작〉이다.

55

달떡은 보름달처럼 밝게 비추고 둥글게 채우며 잘 살도록 기원하는 의미로 혼례상에 올리는 떡이다.

56

달떡과 색떡은 혼례상에 올리는 떡이다. 무지개떡은 돌상에 올린다.

57

붉은색은 귀신을 쫓는 벽사의 의미가 있어 제사상에 사용하지 않는다.

58

• 평안도 : 장떡, 뽕떡, 언감자떡, 송기떡
• 전라도 : 수리취떡

59

꽃송편은 전라도의 향토 떡이다.

60

- 경상도 : 콩을 부재료로 많이 사용한다.
- 제주도 : 잡곡을 재료로 사용한다.

떡제조기능사 모의고사 4회 정답 및 해설

01	②	02	③	03	①	04	③	05	②
06	④	07	④	08	④	09	①	10	②
11	④	12	④	13	③	14	①	15	②
16	④	17	②	18	④	19	②	20	①
21	①	22	③	23	①	24	①	25	②
26	④	27	①	28	②	29	④	30	①
31	①	32	①	33	④	34	②	35	④
36	①	37	①	38	④	39	①	40	①
41	①	42	①	43	③	44	①	45	①
46	①	47	④	48	①	49	①	50	②
51	③	52	②	53	①	54	①	55	③
56	③	57	④	58	②	59	③	60	③

01

송편은 멥쌀가루를 사용한다. 추수가 끝난 후 햅쌀로 빚은 송편을 오려송편이라 하며, 중화절에는 노비송편(삭일송편)을 만들어 노비들에게 주었는데 이는 한 해 농사를 시작하는데 수고해 달라는 의미가 있다.

02

HACCP 12 절차의 첫 번째 단계는 HACCP 팀 구성이다. 위해요소 분석은 HACCP 7단계의 첫 번째 단계이다.

03

떡은 제과점영업에 속하며 이는 식품위생법 시행령 제25조에 따라 특별자치시장·특별자치도지사·시장, 군수 또는 구청장에게 영업 신고를 하여야 한다.
일반 시·도지사는 영업신고 대상이 아니다.

04

- 산승 : 가루 등을 익반죽하여 꿀을 넣어 동글납작하게 지져낸 떡
- 약식 : 찹쌀을 찐 후 대추, 밤, 잣 등에 간장, 기름, 꿀을 섞어 버무려 다시 찐 떡
- 단자 : 찹쌀가루를 되게 반죽하여 끓는 물에 삶아 내어 방망이로 친 후 소를 넣고 둥글게 빚어 고물을 묻힌 떡

05

붉은 찰수수경단은 벽사의 의미와 더불어 액을 막는 의미로 아홉 살 생일 때까지 해주는 풍습이 있다.

06

조화를 이루며 자라기를 바라는 것은 무지개떡이다.

07

초파일에는 느티떡, 단오에는 수리떡을 만들어 먹었다.

08

조리 작업 시 개인 안전 재해 유형으로는 베임, 절단, 화상, 미끄러짐, 넘어짐, 전기감전, 피부질환, 화재발생, 근골격계 질환 등이 있다. 빈혈은 안전 재해 유형에 포함되지 않는다.

09

복어독인 테트로도톡신은 열에 파괴되지 않으므로 반드시 제거하여 섭취해야 한다.

10

보통 비누와 함께 사용하거나 유기물이 존재하면 살균효과가 떨어지므로 같이 사용하지 않는다.

11

앞치마는 전처리용, 조리용, 배식용, 세척용 등 목적에 맞게 구분하여 사용한다.

12

여름철 상온에서 오래 보관하는 경우 떡의 안전성에 문제가 발생할 수 있다.

13

• 쇠머리떡은 찌는 찰떡류에 해당하며 굳은 다음 썰어 놓은 떡의 모양이 쇠머리편육과 같다고 하여 붙여진 이름으로 충청도 지역에서 즐겨 먹는 떡이며, 경상도에서는 '모듬백이'라고 불린다.
• 자른 모양이 구름 모양을 닮은 것은 구름떡이며 찹쌀가루에 밤, 대추, 호두 등의 부재료를 넣어 쪄낸 후 붉은팥가루 혹은 흑임자가루 등의 고물을 묻힌 뒤 굳힌다.

14

약밥의 양념인 캐러멜소스는 냄비에 설탕과 물을 넣고 끓인 후 전체적으로 갈색이 되면 불을 끄고 물엿을 넣어 섞어준다. 처음부터 저어주게 되면 결정이 생성된다.

15

붉은팥고물은 고물 중 유일하게 삶아서 사용하며, 팥은 불리지 않고 그대로 삶는다.

16

컵(cup), 큰 술(Table spoon), 작은 술(tea spoon), ㎖ 등은 부피를 측정하는 단위이며, ㎏은 무게를 측정하는 단위이다.

17

이남박 : 쌀 등을 씻을 때 사용하는 도구로 안지름이 넓은 바가지 모양이다.

18

• 산승 : 지지는 떡(유병)
• 절편 : 치는 떡(도병)
• 경단 : 삶는 떡

19

① 설기떡, ③ 빚어 찌는 떡, ④ 부풀려서 찌는 떡

20

각종 모양 틀을 제병기에 꽂아 원하는 떡을 뽑아낼 수 있다.

21

옥수수를 주식으로 하면 나이아신, 트립토판의 함량이 적어 펠라그라에 걸리기 쉽다.

22

① 얄라핀은 고구마의 절단면에서 용출되는 수지성분이다.
② 뮤신은 마의 미끌거리는 점액질이다.
④ 알긴산은 해조류의 점질물질이다.

23

빨간색 : 비트, 오미자, 지초, 백년초 등

24

밀가루의 점성은 글리아딘, 탄성은 글루테닌 성분이 갖는 성질이다.

25

전분의 노화 방지법
• 수분을 15% 이하 건조
• 냉동 보관 또는 60℃ 이상 보온 보관
• 설탕 또는 유화제 첨가
• 아밀로펙틴의 비율을 높임

26

수수의 떫은맛 성분은 탄닌(Tannin) 때문이며, 루틴(Rutin)은 메밀에 들어있는 혈관 강화 성분이다.

27

- 웃기떡 : 장식하는 떡, 경상북도 방언으로 잔편이라고도 함
- 받침떡 : 음식을 높이 올려 괼 때 밑받침용으로 사용하는 떡 (빙자떡)

28

팥고물은 여름에 쉽게 상하기에 보관에 주의해야 하며, 카스테라, 깨, 코코넛 등은 쉽게 상하지 않아 여름철 고물로 적당하다.

29

송화는 노란색을 내는 발색제로 사용되는 재료이다.

30

② 플라스틱 필름 : 식품 포장용으로 많이 쓰이나 열에 약하고 충격이나 압력에 의해 찢어질 수 있음

③ 폴리스티렌(PS) : 가공성이 용이하며 투명, 무색으로서 내열성이 떨어짐

④ 폴리프로필렌(PP) : 안전한 소재로 가공과 성형이 쉬우며 기름에 강함

31

건강보균자는 병원체를 몸에 지니고 있으나 겉으로는 증상이 전혀 나타나지 않는 건강한 사람으로 감염병을 관리하는 데 있어 가장 어려운 대상이다.

32

맥각 중독은 보리, 호밀에서 맥각균이 번식하여 에르고톡신이라는 독소를 생성하여 발생하며, 황변미 중독은 페니실리움속 푸른 곰팡이에 의해 저장 중인 쌀에 번식하여 발생한다.

33

식품의 원료, 제조, 가공 및 유통의 모든 과정에서 위해 물질이 식품에 혼입되거나 오염되는 것을 사전에 방지하기 위하여 각 과정을 중점적으로 관리하는 것이 HACCP이다.

34

식품, 식품첨가물, 기구 또는 용기·포장의 위생적인 취급에 관한 기준은 총리령이다.

35

약식, 약과와 같이 꿀과 참기름을 넣어 만든 떡에는 약(藥) 자를 붙였다.

36

문헌은 삼국사기이며 잇자국이 날 정도의 떡이면 친떡(인절미, 가래떡 등)으로 추정한다.

37

음력 3월 3일인 삼짇날에는 들판에 나가 꽃놀이를 하고 새 풀을 밟으며 봄을 즐기는 날이다. 진달래 화전(두견화전), 쑥떡 등을 만들어 먹는다.

38

주빈 앞으로는 그 자리에서 먹을 수 있는 입맷상 또는 장국상을 차린다.

39

쑥버무리는 서울·경기도 지역의 향토 떡이다.

40

가래떡을 흰떡, 권모라고도 부른다.

41

- 경단 : 찹쌀가루 등을 익반죽하여 둥글게 빚어 삶아 고물을 묻힌 떡
- 단자 : 찹쌀가루를 되게 반죽하여 끓는 물에 삶아 내어 방망이로 파리가 일도록 친 후 소를 넣고 둥글게 빚어 고물을 묻힌 떡
- 상화 : 밀가루를 누룩이나 막걸리 따위로 반죽하여 부풀린 후 꿀팥으로 만든 소를 넣고 빚어 시루에 찐 떡

42

① 칼슘 – 골격과 치아 구성, 신경 운동 전달, 혈액응고 관여

③ 칼륨 – 삼투압, pH 조절

④ 인 – 골격과 치아 구성, 삼투압 조절, 신경자극 전달

43

떡은 수분의 함량이 품질에 영향을 미치므로 주의하도록 하며, 찌고 난 뒤 한 김 날려 보낸 후 포장을 하는 것이 좋다. 너무 오래 식히거나 건조시키면, 노화가 일어날 수 있으며, 바로 포장을 하면 포장 내에 수분이 맺힐 수 있다.

44

인절미는 찹쌀을 이용한 떡으로 아밀로펙틴의 함량이 많아서 많이 치면 칠수록 아밀로펙틴이 서로 엉기게 되어 쫄깃한 식감을 주게 된다.

45

해동역사에는 고려율고에 대한 내용이, 거가필용(원나라)에는 고려율고의 상세한 조리법이 수록되어 있다. 밤을 말려 가루를 내고 찹쌀가루와 꿀물을 넣어 반죽하여 쪄먹는 떡이 율고이다.

46

－20℃ 이하에서는 노화가 일어나기 어려우므로 떡을 장기간 보관하고자 할 때는 냉동 온도 대에서 보관하는 것이 좋다.

47

포장의 디자인이 판매에 중요한 요인이 되었으며, 소비자의 욕구를 충족시켜야 한다.

48

잣은 비타민 B가 많으며 철분이 풍부하다.

49

채소류는 단백질, 지방의 함량은 적으나 수분이 90% 이상 다량 함유되어 있으며, 특유의 색과 향을 지니고 있다.

50

함경도 지역은 빈약한 농경으로 인하여 기교를 부리지 않고 소박하고 구수하다.

51

포도상구균은 가열하면 사멸되나 원인 독소인 엔테로톡신은 내열성이 강하여 100℃에서 10분간 가열하여도 독소가 파괴되지 않으므로 예방이 어렵다.

52

고려가요에 나오는 내용으로 최초의 떡집인 쌍화점에서 상화를 판매했다는 것을 알 수 있다.

53

혼례에는 봉치떡, 달떡, 색떡, 인절미, 절편을 만들어 사용했다.

54

떡은 제사, 통과의례, 명절의 행사 등에서 빼놓을 수 없는 우리나라 고유의 음식이다. 일반적으로 학자들은 삼국시대 이전 부족국가시대부터 떡을 만들어 먹었을 것으로 추정한다.

55

붉은팥은 귀신을 쫓는 벽사의 의미를 지니고 있어 잔치나 제사 때는 사용하지 않았다.

56

복잡하고 정교할수록 세척이 어려우므로 세척하기 쉬운 구조가 청결 유지에 바람직하다.

57

- 백탕 : 색이 희다는 뜻
- 첨세병 : 떡국을 먹으면 나이를 한 살 더 먹는다는 뜻
- 병탕 : 떡을 넣은 탕이라는 뜻

58

무는 채 썰어 그대로 사용한다.

59

- 선모충, 유구조충(갈고리촌충) : 돼지
- 무구조충 : 소
- 톡소플라스마 : 고양이, 쥐, 조류

60

찰시루떡의 찹쌀가루와 고물류는 고운 것보다 거칠게 빻아야 수증기가 잘 통과하여 떡이 잘 익을 수 있다. 찹쌀은 점성이 강하기 때문에 찜기에 안칠 때 증기가 잘 올라오도록 안쳐야 한다.

01	③	02	①	03	④	04	②	05	②
06	①	07	①	08	④	09	①	10	④
11	③	12	③	13	②	14	②	15	③
16	②	17	③	18	④	19	②	20	②
21	①	22	③	23	③	24	①	25	③
26	②	27	③	28	④	29	④	30	③
31	②	32	④	33	①	34	①	35	④
36	③	37	③	38	④	39	④	40	④
41	①	42	①	43	②	44	④	45	①
46	④	47	①	48	①	49	④	50	②
51	②	52	③	53	③	54	④	55	①
56	④	57	③	58	③	59	②	60	③

01
11월 10일 안에 동지가 있으면 애동지라고 하여 아이들에게 나쁜 일이 있다고 해서 팥죽 대신 팥시루떡을 만들어 먹었다.

02
식품위생의 대상은 식품, 식품첨가물, 기구 또는 용기와 포장이다.

03
황색포도상구균 식중독의 평균 잠복기는 3시간이다.

04
포장 용기에는 제품명, 식품의 유형, 영업장(소)의 상호(명칭)와 소재지, 소비기한, 원재료명, 포장·용기 재질, 품목 보고번호 등을 표시해야 한다.

05
콩설기의 서리태는 달지 않아야 하므로 설탕 간을 하지 않고 사용한다.

06
팥의 사포닌 성분으로 인하여 거품이 생기므로 처음 삶은 물을 버리고 두 번째 물부터 30분 정도 삶는 것이 좋다.

07
나무나 돌의 속을 파낸 구멍에 곡식을 넣고 절굿공이로 찧어 가루로 만든다.

08
인절미는 치는 떡(도병)에 속한다.

09
나트륨은 체내에서 산·알칼리의 평형 유지, 삼투압 조절, 수분균형 유지에 관여하며, 과잉 섭취 시 고혈압, 부종, 동맥경화 등의 증상을 일으킨다.

10
밀가루에 물을 넣고 반죽을 하면 점탄성의 성질의 지닌 글루텐이 생성된다.

11
쌀의 품종과 저장기간, 물의 온도는 수분 흡수율에 영향을 미친다.

12
① 옥수수, 쌀 다음으로 밀의 소비가 많다.
② 곡류 중 알의 크기가 가장 작다.
④ 수수는 탄닌을 함유하여 소화율이 낮다.

13
조리 작업 시 조리복, 안전화, 위생모 등의 적합한 복장을 갖추어야 한다.

14
동국세시기의 차륜병에 대한 내용이다.

15
추석에는 햅쌀(올벼)로 빚은 오려송편을 만들며, 중화절에 노비송편을 만들어 노비에게 나누어 준다.

16
붉은색은 귀신을 쫓는 의미가 있어 제사상에는 올리지 않는다.

17
백편, 녹두편 등은 고임떡으로, 부꾸미·주악·화전 등은 웃기떡으로 사용한다.

18
은절미는 제주도 지역의 향토 떡이다.

19
흑설탕은 계량기구에 꾹꾹 눌러 담아 수평으로 깎은 후 뒤집었을 때 모양이 나타나도록 계량 한다.

20

- 자연능동면역 : 질병감염 후 획득한 면역
- 인공능동면역 : 예방접종(백신)으로 획득한 면역
- 자연수동면역 : 모체로부터 얻는 면역
- 인공수동면역 : 혈청 접종으로 얻는 면역

21

- 고치떡 : 모양이 누에고치와 같아서 붙여진 이름
- 주악 : 조약돌처럼 앙증맞다는 뜻

22

중양절은 음력 9월 9일로 국화전, 국화주 등을 만들어 먹었다.

23

누에고치의 실처럼 한해의 일들이 술술 풀리기를 바라는 마음과 이성계에 대한 고려사람들의 원망이 담긴 조랭이떡국은 개성지방에서 만들어 먹었다.

24

면보에 설탕을 뿌려주면 찹쌀떡이 달라붙는 것을 방지할 수 있다.

25

③ 백국 : 밀가루에 찹쌀가루를 더 넣어 빚은 누룩을 말한다. 떡국은 백탕, 병탕, 첨세병이라고도 한다.

26

과자·캔디류·추잉껌 및 떡류 식품 등을 제조·가공하는 영업자는 총리령으로 정하는 바에 따라 제조·가공하는 식품 등이 기준과 규격에 맞는지 3개월마다 1회 이상 검사를 실시해야 한다.

27

떡을 의미하는 한자어는 병(餅), 이(餌), 고(餻), 자(瓷), 편(片, 䭜), 탁(飥), 병이(餅餌) 등이 있다.

28

수문사설은 조선시대의 문헌이다.

29

- 목은집 : 찰밥에 기름과 꿀을 섞고 다시 잣, 밤, 대추를 넣어서 섞는다.
- 도문대작 : 우리의 약밥을 중국 사람들이 매우 즐기고, 이것을 나름대로 모방하여 만들어 고려밥이라 하면서 먹고 있다.
- 규합총서 : 좋은 찹쌀 두 되를 백세하여 하루 불려 시루에 쪄서 식힌 후에 황률을 많이 넣고 백청 한 탕기, 참기름 한 보시기, 간장 반 종지, 대추 한 탕기를 모두 버무려 시루에 도로 담고 찐다.
- 동국세시기 : 연중 행사와 풍속들을 정리하고 설명한 세시풍속집이다.

30

유두일은 농신께 풍년을 기원하는 날로 동류두목욕(東流頭沐浴)의 줄임말이다.

31

생식품류의 재배, 사육 단계에서 발생할 수 있는 1차 오염은 자연 환경에서의 오염이다.

32

① 비소 : 방부제, 살충제
② 수은 : 수은으로 오염된 어패류 섭취
③ 주석 : 주석 성분이 포함된 통조림

33

음력 6월인 삼복에는 더위에 쉽게 상하지 않도록 술로 반죽한 증편, 기름에 지진 주악을 만들어 먹었다.

34

두텁떡은 혜경궁 홍씨 회갑상에 올랐던 대표적인 떡이다.

35

쪄진 떡을 넣어 치대거나 반죽할 때 펀칭기를 사용한다.

36

어레미는 도드미보다 굵은 체로 콩과 껍질을 분리할 때 주로 사용하며 팥고물을 내릴 때 사용한다. 지방에 따라 얼맹이, 얼레미 등으로 불린다.
고운체는 말총이나 나일론으로 올을 곱게 짜서 술 등을 거를 때 사용한다.
깁체는 명주실로 짜며 고운가루를 내릴 때 사용한다.

37

「물을 내린다」는 뜻은 쌀가루에 물이나 설탕을 넣고 수분을 맞춘 뒤 체에 내린다는 뜻이다.

38

요오드는 체내 기초대사를 촉진하며, 갑상선 호르몬의 구성 성분이다.

39

팥에는 비타민 B$_1$이 많이 들어 있어 탄수화물의 대사에 관여하고 각기병 등의 예방에 도움을 준다. 팥을 삶을 때 소다(증조)를 넣으면 빨리 무르게 하지만 비타민 B$_1$이 파괴된다.

40

- 약식 : 찐 찹쌀에 대추, 밤, 잣 등에 간장, 꿀 등을 버무려 다시 찐 떡
- 단자 : 찹쌀가루를 쪄서 치댄 후 둥글게 빚어 꿀이나 고물을 묻힌 떡
- 무지개떡 : 쌀가루에 여러 색을 들여 고물 없이 찐 떡

41

송자, 백자, 실백 모두 잣을 의미하며, 잣을 약으로 사용할 때는 해송자(海松子)라고도 한다.

42

- 찌는 떡 – 증병
- 치는 떡 – 도병
- 지지는 떡 – 유전병

43

① 팥은 불리지 않고 그대로 사용한다.
② 팥에 소다를 넣으면 색은 진해지나 비타민 B$_1$이 파괴된다.

44

불린 찹쌀을 1차로 충분히 쪄낸 뒤, 2차로 부재료를 넣고 쪄낸다.

45

노화는 0~4℃에서 가장 빨리 일어난다.

46

떡의 포장은 수분 차단성이 좋고 식품이 직접 닿아도 문제가 없는 폴리에틸렌(PE)을 많이 사용한다.

47

포장은 외부로부터 빛, 산소, 이물질 등을 차단하여 식품의 저장과 위생을 도와준다.

48

총질소는 수질오염의 측정지표로 사용된다.

49

튀김기의 기름을 과도하게 많이 사용하지 않도록 하며 적정한 기름 양을 유지한다.

50

식품 등의 표시 기준에 의해 표시해야 하는 영양성분에는 열량, 나트륨, 탄수화물 및 당류, 지방, 콜레스테롤, 단백질 등이 있다.

51

약편은 멥쌀가루에 막걸리, 대추고를 섞고, 대추채, 밤채, 석이채를 위에 얹은 찐 떡으로 대추편이라고도 한다.

52

삼국유사 가락국기조의 내용으로 떡이 제수로 나오고 있어 이때의 떡이 제향음식의 하나였음을 추정할 수 있다.

53

무지개떡은 첫돌에 준비하는 떡이다.

54

해장떡, 쇠머리떡은 충청도 지방의 향토 떡이다.

55

인수공통감염병은 탄저, 결핵, 공수병, 큐열 등이 있다.

56

쌀은 탄수화물 60%, 소량의 단백질(오리제닌)로 구성되어 있다.

57

익반죽은 끓은 물로 하는 반죽으로 호화를 촉진시켜 반죽 및 성형을 용이하게 한다.

58

① 끓는 데 시간이 오래 걸리면 채소의 색이 누렇게 변한다. 끓는 물에서 데치는 것이 좋다.
② 조리수의 양은 재료의 5배가 적당하다.
④ 식소다는 색을 선명하게 해주지만 세포의 벽면을 쉽게 끊어지게 하므로 뭉그러질 수 있다.

59

- 분홍색 : 딸기, 복분자분말, 적파프리카, 비트, 오미자, 지초, 백년초
- 보라색 : 자색고구마, 흑미, 포도, 복분자

- 초록색 : 쑥, 시금치, 모시잎, 녹차분말, 승검초분말, 뽕잎, 클로 렐라분말
- 노락색 : 치자, 단호박, 송화, 샤프란
- 갈색 : 계핏가루, 코코아가루, 커피, 대추고, 송진, 캐러멜소스, 송기, 도토리가루

60
- 백설기 : 찌는 떡
- 단자, 인절미 : 치는 떡

떡제조기능사 모의고사 6회 정답 및 해설

01	②	02	②	03	②	04	③	05	②
06	③	07	①	08	③	09	①	10	②
11	①	12	④	13	④	14	①	15	②
16	①	17	②	18	④	19	①	20	①
21	②	22	①	23	②	24	④	25	③
26	②	27	④	28	②	29	①	30	②
31	④	32	①	33	②	34	①	35	④
36	④	37	①	38	③	39	①	40	④
41	④	42	①	43	②	44	①	45	①
46	③	47	①	48	④	49	①	50	③
51	④	52	①	53	①	54	②	55	①
56	③	57	③	58	①	59	③	60	④

01
- 바람떡 : 개피떡을 의미하며 멥쌀가루를 찐 뒤 한 덩어리가 되 도록 쳐서 얇게 밀어 팥소를 넣고 반달모양으로 찍어낸 떡이다.
- 증편 : 멥쌀가루에 막걸리로 반죽하여 발효시킨 후 쪄 낸 떡이다.
- 무지개떡 : 오색편 또는 색편으로 불리며 색이 화려하여 잔칫 상에 올리는 떡이다.
- 깨찰편 : 찌는 떡에 속하며 여름철에 깨고물이 잘 상하지 않아 주로 먹는다.

02
서여향병이란 마를 쪄서 꿀에 재웠다가 찹쌀가루를 묻혀서 기름 에 지진 후 잣가루를 입힌 떡이다.

03
천연발색제도 적정량을 사용하여 떡의 색과 맛이 조화롭게 어우 러질 수 있도록 하는 것이 좋다.

04
삼국사기 열전 백결선생조 내용으로 연말에 떡을 하는 풍속이 있 다고 추정할 수 있다.

05
거피팥, 거피녹두는 물에 충분히(6시간 이상) 불려 사용하며, 여러 번 헹궈 남아있는 껍질을 모두 제거하고 찜통에 쪄서 사용한다.

06
자동 떡 성형기를 이용하여 떡을 여러 가지 모양으로 만들 수 있 으며, 같은 떡이라도 다양한 크기로 조절하여 만들 수 있다.

07

쑥개떡은 멥쌀가루에 데친 쑥을 넣어 익반죽하여 절구에 끈기가 생기게 쳐서 동그랗게 빚어 찐 떡이다.

08

비타민 B_6(피리독신)의 결핍증상은 피부염이며 비타민 C(아스코르브산)의 결핍증상이 괴혈병이다.

09

무기질은 체내에서 직접적인 열량원이 되지 못한다. 열량을 내는 영양소는 탄수화물, 지방, 단백질이다.

10

경채류는 줄기를 식용하는 채소로 아스파라거스, 죽순 등이 있으며, 화채류는 꽃을 먹는 채소로 브로콜리, 콜리플라워, 아티초크 등이 있다.

11

여러 곡류 중 저장성이 가장 좋고 품종도 다양하다.

12

위험도 경감의 3가지 시스템 구성요소는 사람, 장비, 절차이다.

13

식품위생법의 목적은 위생상의 위해 방지, 식품영양의 질적 향상 도모, 식품에 관한 올바른 정보 제공, 국민 보건의 증진에 이바지함이다.

14

③ 떡의 어원 변화 : 찌기-떼기-떠기-떡
- 떡은 제사, 통과의례, 명절의 행사 등에서 빼놓을 수 없는 우리나라 고유의 음식이다. 일반적으로 학자들은 신석기시대의 갈돌과 갈판, 청동기시대의 시루 등으로 삼국시대 이전 부족국가시대부터 떡을 만들어 먹었을 것으로 추정한다.

15

청동기시대의 유적지인 나진 초도 조개더미에서 시루가 처음 발견되었다.

16

음식디미방은 최초의 한글 조리서이자 동아시아에서 여성이 쓴 조리서로서 1670년경 정부인 안동장씨 장계향이 집필한 것이다.

17

농사철의 시작을 기념하고 풍요로운 수확을 기원하는 2월 초하룻날의 명절이다. '2월 초하룻날에 빚는다'하여 노비송편을 삭일 송편이라고 한다.

18

백일에는 백설기를 올리며, 첫돌에는 조화로운 미래를 기원하며 무지개떡을 올린다.

19

붉은 찰수수경단은 벽사의 의미와 더불어 액을 막는 의미로 아홉 살 생일 때까지 해주는 풍습이 있다.

20

오메기떡은 차조가루를 익반죽하여 빚어 삶아 고물을 묻힌 떡이다.

21

해장떡에 대한 설명으로 충청도 지역의 대표 향토 떡이다.

22

- 발진티푸스 : 리케차
- 소아마비 · 홍역 : 바이러스

23

석탄산, 생석회는 변소, 하수도 등의 소독에 사용하며, 차아염소산나트륨은 주로 락스라고 불리는 것으로 물에 희석하여 채소, 과일, 음료수, 식기 등의 소독에 사용한다.

24

가압증기 또는 가압열수로 가열 · 살균하는 압력 가마솥으로 식품을 통조림이나 레토르트 포장재에 넣어 가열처리하여 살균하는 방법이다.

25

떡류의 노화를 억제하기 위해서는 급속 냉동 또는 냉동보관, 60℃ 이상으로 온장보관, 설탕 또는 유화제 첨가 등이 있다. 냉장 온도인 0~4℃에서 노화가 가장 잘 일어난다.

26

약밥의 양념은 밥이 뜨거울 때 양념을 혼합해야 양념이 더 잘 흡수된다.

27

- 맷돌 : 콩, 팥, 녹두 등을 넣어 쪼개서 껍질을 벗기거나 가루로 만들 때, 물에 불린 곡류 등을 갈 때 사용되는 도구
- 절구 : 곡식을 빻거나 찧는 데 사용하는 도구

28

- 혼돈병 : 쌀가루에 승검초를 넣고 황률소를 얹어 모양을 만들어 찌는 떡
- 두텁떡 : 거피팥 고물과 소를 만들어 찜기에 고물을 뿌리고 그 위에 찹쌀가루–팥소–찹쌀가루를 넣고 고물을 덮어 찌는 떡

29

고려시대 쌍화점에서는 상화병(상화)을 판매하였다.

30

HACCP 팀 구성은 준비 5단계에 해당한다.

31

소화기는 바람을 등지고 서서 호스를 불쪽으로 향한 뒤 빗자루로 쓸 듯이 골고루 뿌린다.

32

가래떡은 흰떡이라고 불리기도 하며, 멥쌀가루를 쪄서 절구나 안반에 놓고 차지게 쳐 둥글고 길게 만든 떡이다.

33

쑥은 물에 데친 후 찬물에 헹궈 물기를 꼭 짠 뒤 소분하여 냉동 보관한다. 쑥설기나 쑥버무리를 할 때는 데치지 않고 사용한다.

34

- 흰깨(또는 흑임자)고물은 깨를 씻어 볶아 식힌 후 갈아 고운체에 내린다.
- 거피팥고물은 거피팥을 6시간 이상 불려 찜기에 무르게 찐 후 어레미에 내린다.
- 팥고물은 팥을 씻은 후 물을 부어 끓으면 첫 물은 버리고 다시 물을 부어 팥이 무를 때까지 삶는다.

35

설기떡이 익지 않는 이유
- 떡을 충분히 찌지 않은 경우
- 찜통의 옆면이 말라 떡의 수분을 빼앗길 경우
- 쌀가루에 물을 적게 넣어서 익지 않은 경우
- 찜기 밖으로 불꽃이 나가도록 센 불에 찐 경우

36

식품 등의 표시·광고에 관한 법률에 따라 포장지 제품에 대한 정보를 표시한다.

37

숙주의 감수성 지수 : 홍역, 두창 〉 백일해 〉 성홍열 〉 디프테리아 〉 소아마비

38

- 지봉유설은 고려시대의 문헌으로 청애병의 기록이 남아있다.
- 영고탑기략은 삼국시대의 문헌으로 발해사람들도 시루떡을 해 먹었음을 알 수 있다.

39

- 성호사설 : 백과전서로 백설기, 인절미의 내용이 나온다.
- 규합총서 : 떡이란 호칭이 처음 나오며, 석탄병의 내용이 나온다.

40

상달은 음력 10월로 고사를 지내 마을과 집안의 풍요를 비는 달이다. 붉은색을 귀신이 기피한다고 하여 장독대, 대청, 대문, 외양간 등에 놓고 고사를 지냈다.

41

봉치떡은 찹쌀로 만들며 부부의 좋은 금실을 비는 의미이다. 대추는 아들, 밤은 딸을 상징하여 자손이 번창하기를 기원하는 것이다.

42

백미병, 점미병, 석이병 등 세 가지로 각색병 고임을 만들어 그 위에 웃기떡을 올린다.

43

전라도 지역의 특징과 대표 향토 떡에 대한 내용이다.

44

잔치가 끝날 때까지 물리지 않고 바라만 본다고 해서 망상(望床)이라 붙여졌으며, 드시는 음식은 입맷상이라고 한다.

45

1765년 해동역사에는 "고려사람들이 율고를 잘 만들었다."라고 칭송한 중국인의 견문이 기록되어 있으며, 원나라 문헌 거가필용에 고려율고라는 밤설기 떡을 소개하고 있다.

46

인절미는 찹쌀가루를 쪄서 찰기나게 친 후 썰어 고물을 묻힌 떡이다.

47

과일을 섞어 찐 떡을 신과병이라 한다.

48

- 찌는 떡 – 증병
- 치는 떡 – 도병
- 지지는 떡 – 유전병
- 삶는 떡 – 단자병

49

유기용매에 녹는 것은 지용성으로 비타민 A, D, E, K가 있다.

50

밀가루의 종류 및 단백질 함량, 용도

명칭	단백질(글루텐) 함량	용도
박력분	9% 이하	케이크, 과자 등
중력분	10~13%	국수, 만두 (다목적용)
강력분	13% 이상	제빵용
듀럼밀	40% 이상	파스타용

51

호화를 촉진시키는 요인으로는 수분, 온도, pH, 염류, 아밀로오스 함량이 높은 전분, 입자의 크기가 큰 전분 등이 있다.

52

미나마타병은 미나마타시에서 메틸수은이 포함된 어패류를 먹은 주민들에게서 집단적으로 발생한 병이다.

53

종이는 인쇄가 용이하며 간편하고 경제적이므로 식품의 포장재로 많이 사용되지만 수분 등에 취약한 단점이 있다.

54

A형간염 환자는 조리사로 종사할 수 없다.

55

- 개 : 공수병(광견병)
- 쥐 : 페스트, 유행성 출혈열
- 고양이 : 톡소플라스마증, 살모넬라증

56

장출혈성 대장균은 가열하면 사멸되므로 쇠고기 종류는 75℃ 이상으로 3분 이상 가열해 섭취하도록 한다.

57

아밀로펙틴이 수증기에 의해 쉽게 호화되어 점성이 생겨 수증기가 위로 올라가는 것을 방해하기 때문에 아밀로펙틴이 100%인 찹쌀을 더 거칠게 빻는다.

58

허가를 받아야 하는 영업 : 식품조사처리업, 단란주점영업, 유흥주점영업

59

③ 남방감저병은 찹쌀가루에 고구마가루를 섞어 시루에 찐 떡으로 고구마가 우리나라에 들어올 때 감저라는 이름으로 들어왔고, 남방(일본)을 통해 들어왔다 하여 남방감저병으로 부른다.

60

- 중화절 : 삭일송편
- 추석 : 오려송편

떡제조기능사 모의고사 7회 정답 및 해설

01	③	02	①	03	④	04	③	05	①
06	②	07	②	08	③	09	①	10	③
11	①	12	④	13	①	14	②	15	①
16	①	17	②	18	①	19	④	20	①
21	③	22	③	23	①	24	④	25	①
26	②	27	①	28	②	29	②	30	②
31	②	32	③	33	①	34	③	35	④
36	④	37	①	38	①	39	③	40	②
41	③	42	②	43	④	44	②	45	③
46	③	47	③	48	①	49	④	50	③
51	②	52	①	53	②	54	④	55	①
56	④	57	②	58	③	59	③	60	①

01
고치떡은 전라도 지역의 향토 떡이다.

02
음력 6월인 삼복에는 더위에 쉽게 상하지 않도록 술로 반죽한 증편, 기름에 지진 주악을 만들어 먹었다.

03
조선시대에는 농업의 기술, 음식의 조리, 가공 기술이 다양하게 발전하여 떡의 종류가 250여 가지로 다양해진 전성기의 시대라 볼 수 있다.

04
작업자의 숙련도가 낮은 경우 작업 시 더욱 위험에 노출되기 쉬우므로 정확한 절차를 밟고 과정을 서두르지 않도록 한다.

05
근골격계 질환을 예방하기 위해서는 안전한 자세로 작업하고 작업 전 간단한 스트레칭을 통해 신체 긴장을 완화하는 것이 좋다.

06
7단계 중 가장 먼저 실시해야 하는 것은 위해요소 분석이다.

07
- 안식향산 – 간장, 청량음료
- 데히드로초산 – 치즈, 버터, 마가린, 된장
- 프로피온산 – 빵, 생과자

08
주석은 통조림 내부 도장에 사용되며, 구토, 설사, 복통을 일으킨다.

09
살모넬라 식중독은 일반적으로 60℃에서 30분간 가열하면 예방이 가능하다.

10
- 안반 : 떡을 칠 때 사용하는 넓고 긴 나무판
- 떡메 : 떡을 내려치는 도구

11
② 송편 : 빚어 찌는 떡
③ 찰시루떡 : 켜떡(찌는 떡)
④ 노티떡 : 지지는 떡

12
팥은 불리지 않고 사용하며 팥의 사포닌 성분은 설사를 유발하므로 처음 끓인 물은 버리고 다시 새 물을 부어 끓여 제거한다.

13
최대 수분 흡수율은 멥쌀이 25%, 찹쌀이 40% 정도이므로, 찌는 떡을 할 때는 멥쌀가루에 물을 더 보충해야 호화가 잘 이루어진다.

14
결핍증상으로 빈혈이 나타나는 무기질은 철분, 구리, 코발트이다.

15
② 일반적으로 포화지방산은 동물성 지방인 버터, 소·돼지 등의 기름에 많이 있다.
③ 지용성 비타민의 체내 운반 및 흡수를 돕는다.
④ 물에 녹지 않고 유기용매에 녹는 성질이 있다.

16
② 팥에는 비타민 B_1이 풍부하게 들어있어 각기병 예방에 좋다.
③ 동부는 탄수화물의 함량이 높으며 단백질과 지방은 낮다.
④ 땅콩의 지방성분은 주로 불포화지방으로 구성되어 있다.

17
꿀은 과당이 40%, 포도당이 35% 함유되어 있으며, 설탕보다 과당 함량이 높아 결정이 생기지 않는 액상의 형태이다.

18

오미자는 끓이거나 더운물에서 우리면 쓴맛과 떫은맛이 나므로 찬물에서 우려내야 한다.

19

메밀은 구황작물로 이용되며 필수아미노산인 트립토판, 트레오닌, 리신 등이 풍부하며, 루틴이란 성분이 혈관을 강화하는 역할을 한다.

20

밀가루에는 녹말이 약 80% 정도 함유되어있다.

21

• 자포니카형은 단립종으로 한국, 일본에서 주로 생산되며 점성이 크며, 멥쌀과 찹쌀로 구분된다.
• 인디카형은 장립종으로 인도, 동남아시아 등에서 주로 생산되며 끈기가 적고 부슬부슬하여 떡의 제조로 적합하지 못하다.

22

떡에 부재료를 넣는 이유는 노화를 억제시키기 위함이다.

23

송자, 백자, 실백 모두 잣을 의미하며, 잣을 약으로 사용할 때는 해송자(海松子)라고도 한다.

24

단백질은 탄소(C), 수소(H), 산소(O)에 질소(N)를 포함한 4원소로 구성된다.

25

• 설기떡(무리떡, 무리병)
• 켜떡 : 메(찰)시루떡, 도행병, 느티떡, 신과병, 콩찰편, 깨찰편 등

26

인절미의 다른 명칭은 인병, 은절병, 인절병으로 불린다.

27

빚은 떡을 제조할 때는 물의 온도가 높을수록 부드럽고 매끈한 반죽을 만들 수 있다.

28

• 1C(cup) = 200㎖(또는 200cc)
• 1Ts(큰술) = 15㎖(또는 15cc)
• 1ts(작은술) = 5㎖(또는 5cc)

29

녹두는 2시간 이상 물에 불리고 껍질을 손으로 비벼 완전히 제거한 후, 김 오른 찜통에 푹 무르게 30분 정도 찐다. 찐 녹두에 소금을 넣고 절구로 빻아 굵은 체에 내려 사용한다.

30

물과 설탕을 같이 넣으면 설탕이 녹아 쌀가루가 덩어리져서 체에 잘 내려가지 않는다. 설탕은 시루에 찌기 직전에 섞어주는 것이 좋다.

31

10월 상달의 절식으로 추수를 끝낸 후 성주신에게 마을과 집안의 평안을 빌 때 만든 절식이다.
11월 동지의 절식은 팥죽이다.

32

포장의 목적
• 품질 보호 및 보존성
• 제품의 위생적 보관과 보호
• 취급 및 운반의 편리성
• 제품의 판촉 및 홍보, 정보성, 상품성
• 물류비 절감, 경제성 등
• 포장을 통해 수분의 방출을 막을 수 있어 노화를 지연시키고 저장성을 향상시킬 수 있음

33

식품 또는 식품첨가물을 채취·가공·제조·조리·저장·운반 또는 판매하는 일에 직접 종사하는 영업자 및 종업원은 매년 1회 건강검진을 받아야 한다. 단, 완전 포장된 식품 또는 식품첨가물을 운반하거나 판매하는 일에 종사하는 사람은 제외한다.

34

무는 채 썰어 그대로 사용한다.

35

회갑에는 화전, 주악, 단자 등을 웃기로 사용하고, 갖은 편을 만들어 올렸다. 붉은찰수수경단은 첫돌에 올리는 떡이다.

36

함경도는 꼬장떡, 언감자송편 등이 향토 떡이며, 감자떡은 강원도의 향토 떡이다.

37

언감자송편은 함경도 지역의 향토 떡이다.

38

정월대보름에는 약밥, 귀밝이술, 부럼, 묵은 나물, 오곡밥 등을 만들어 먹는다.

39

느티떡(유엽병), 장미화전은 초파일(음력 4월 8일)의 절식으로서의 떡이다.

40

임씨네 집에서 바친 떡이 절미로, 임절미 → 인절미로 변화되었다.

41

- 중양절 – 국화전, 호박떡
- 중화절 – 노비송편(삭일송편)

42

- 삼칠일 : 백설기(신성한 산신의 보호)
- 첫돌 : 무지개떡(조화로운 미래 기원)
- 책례 : 속이 빈 송편(자만하지 말고 겸손할 것), 속이 꽉 찬 송편(학문적 성과 기원)
- 회갑 : 백편, 꿀편, 승검초편을 주로 만들어 여러 단 쌓아 올림

43

목은집은 고려시대 문헌이다.

44

새해 들어 첫 번째로 맞는 뱀날이라는 상사일(上巳日)에 청애병(쑥설기)을 만든 것으로 보아 떡이 절식(節食) 즉, 명절에 따로 차려서 먹는 음식으로 사용되었음을 알 수 있다.

45

차륜병은 수리취절편에 수레바퀴 모양의 문양을 내어 붙여진 이름이다.

46

영업에 종사하지 못하는 질병은 콜레라, 장티푸스, 파라티푸스, 세균성 이질, 장출혈성 대장균, A형간염, 감염성 결핵, 피부병 또는 화농성 질환, 후천성면역결핍증이 있다.

47

영양성분 표시 대상 식품에 떡류 해당
과자류, 빵류 또는 떡류 : 과자, 캔디류, 빵류 및 떡류
2023년 1월부터 유통기한이 소비기한으로 변경되어 표시된다.

48

서리태 고물에 대한 설명이다.

49

수분활성도는 세균이 0.90~0.95, 효모 0.88, 곰팡이 0.65~0.80으로 곰팡이는 건조식품과 같은 곡물에서 잘 증식할 수 있다.

50

황색포도상구균은 엔테로톡신이라는 독소를 생성하며, 손이나 몸에 화농이 있는 사람은 식품을 취급해서는 안 된다.

51

보존식은 1인분 분량을 -18℃ 이하에서 144시간 이상 보관해야 한다.

52

안전사고 발생 시 가장 우선하여 조치해야 할 부분은 작업을 중단하고 관리자에게 보고하는 것이다.

53

- 일반작업구역 : 검수구역, 전처리구역, 식재료 저장구역, 세정구역
- 청결작업구역 : 조리구역, 배선구역, 식기보관구역

54

빈자떡의 다른 말은 빈대떡으로 녹두를 이용한다.

55

오쟁이떡을 설명하고 있으며 황해도 지역의 향토 떡이다.

56

약밥은 찹쌀에 대추, 밤 등을 넣고 간장, 꿀, 황설탕, 참기름 등으로 버무려 찐 것이다.

57

거피팥고물은 찜기에서 찐 후 어레미에 내려 간장, 설탕, 계핏가루, 후춧가루 등으로 양념한 다음 번철에서 보슬보슬하게 볶아 사용한다.

58

셉신은 감자의 썩은 부위의 독성분이며, 감자의 씨눈에 싹이 난 부위에는 솔라닌이라는 독성물질이 있으므로 반드시 제거하고 섭취해야 한다.

59

① 옥수수, 쌀 다음으로 밀의 소비가 많다.
② 곡류 중 알의 크기가 가장 작다.
④ 수수는 탄닌을 함유하여 소화율이 낮다.

60

멥쌀가루에 요오드 용액을 떨어뜨리면 청색, 찹쌀가루는 적색으로 변한다.

떡제조기능사 모의고사 8회 정답 및 해설

01	④	02	①	03	③	04	④	05	④
06	②	07	③	08	④	09	④	10	②
11	①	12	①	13	③	14	③	15	①
16	③	17	①	18	①	19	③	20	③
21	③	22	②	23	②	24	①	25	③
26	④	27	①	28	①	29	③	30	①
31	②	32	③	33	①	34	②	35	①
36	①	37	③	38	③	39	①	40	①
41	②	42	①	43	②	44	①	45	③
46	③	47	②	48	④	49	④	50	④
51	②	52	③	53	②	54	③	55	④
56	④	57	③	58	②	59	①	60	①

01

쌀의 수분 흡수율에 영향을 주는 요인은 쌀의 품종, 쌀의 저장기간, 수침 시 물의 온도이다.

02

'서속'은 조를 의미하며 재배역사가 오래된 작물로 우리나라에는 벼보다 먼저 도입된 곡류이다.

03

해동 중 핏물이 떨어질 수 있기에 다른 식품의 오염을 방지하기 위하여 육류 해동 시 맨 아래 칸을 이용한다.

04

• 절단 : 칼, 슬라이서, 자르는 기계 및 분쇄기 사용
• 넘어짐 : 미끄럽고 어수선한 바닥 및 부적절한 조명 사용
• 화상 : 스팀, 오븐, 가스 등에 의해 발생

05

식품위생법 제94조(벌칙) 다음에 해당하는 자는 10년 이하의 징역 또는 1억 원 이하의 벌금에 처할 수 있다.
• 위해 식품 등의 판매 등 금지
• 병든 동물 고기 판매 등 금지
• 기준·규격이 정하여지지 아니한 화학적 합성품 등의 판매 등 금지
• 유독기구 등의 판매·사용 금지
• 영업 허가 등의 규정을(를) 위반한 자

06

떡의 어원은 찌다가 명사가 되어 찌기 – 떼기 – 떠기 – 떡으로 변화된 것이다.

07

치는 떡은 도병(搗餅)이라고 한다.

08

신석기시대 유적지에서 갈돌과 돌확이 발견된 것은 곡물을 탈곡, 제분하였음을 추정할 수 있다. 쌀, 잡곡 등의 곡물을 생산하면서 떡을 만들었을 것으로 추측한다.

09

도문대작 : 조선시대 문헌으로 우리나라 식품전문서로 가장 오래되었으며 19종의 떡이 기록되어 있다.
① 목은집 : 유두일에 먹는 수단
② 해동역사 : 고구려인이 율고를 잘 만든다는 기록
③ 지봉유설 : 고려에는 삼사일에 청애병을 만들어서 음식의 으뜸으로 삼는다는 기록

10

단자병(團子餅)은 증보산림경제에 처음 그 제법이 기록되어 있으며, 동국세시기에는 팔월과 시월의 시식으로 소개되어있다.

11

② 아밀로스 필름 : 포장재 자체를 먹을 수 있고, 물에 녹지 않으며 신축성이 좋음
③ 폴리스티렌(PS) : 가공성이 용이하며 투명, 무색으로서 내열성이 떨어짐
④ 폴리프로필렌(PP) : 안전한 소재로 가공과 성형이 쉬우며 기름에 강함

12

가래떡은 멥쌀가루를 김 오른 찜기에 쪄낸 뒤 절구나 안반에 놓고 차지게 쳐 둥글고 길게 늘려 만든 떡이다.

13

깨고물은 깨를 씻어 볶아 식힌 후 갈아 고운체에 내린다.

14

떡메는 떡을 내려치는 도구로 인절미 등을 만들 때 사용한다.

15

떡은 제조방법에 따라 찌는 떡, 치는 떡, 지지는 떡, 삶는 떡 4종류로 나뉜다.

16

무리병은 설기떡을 의미한다.

17

필수지방산은 리놀레산·리놀렌산·아라키돈산이며 신체 성장에 반드시 필요하다.

18

송자, 백자, 실백 모두 잣을 의미하며, 잣을 약으로 사용할 때는 해송자(海松子)라고도 한다.

19

발색제는 보통 쌀 무게의 2% 정도가 필요하다.

20

① 물에 녹으면 거품이 이는 물질
② 부패한 감자의 독성분
④ 땅콩의 곰팡이 독소

21

쇠머리떡(모듬백이떡)은 찹쌀가루와 부재료를 쪄내어 성형하는 떡이다.

22

• 흑설탕은 당밀이 남아있어 끈적거려 달라붙기 때문에 계량 기구에 꾹꾹 눌러 담아 수평으로 깎아서 계량한 후 엎었을 때 모양이 나타나도록 계량한다.
• 백설탕은 덩어리진 것을 부수어서 계량컵에 수북하게 담아 표면을 스파튤라로 깎아 계량한다.

23

① 완두배기는 끓는 물에 살짝 데쳐 사용한다.
③ 쌀은 일반적으로 2~3번 가볍게 씻은 후 1시간 정도 불려 사용한다.
④ 물에 씻어 6시간 이상 불린 후 손으로 문질러 껍질을 제거하고 찜통에 찐다.

24

켜떡의 고물로는 팥, 깨, 콩, 녹두 등이 사용된다.

25

약밥은 찹쌀을 주재료로 하여 만들며, 찹쌀을 1차로 찐 후 부재료를 넣고 2차로 찐다.
처음에 찹쌀을 잘 쪄야 굳지 않고 맛있는 약밥을 만들 수 있다.

26

손목시계나 목걸이, 귀걸이 등의 장신구는 위생을 위하여 착용하지 않는다.

27

떡을 괴어 그 위에 모양을 내려고 얹어 장식하는 떡을 웃기떡이라 한다.

28

• 각색경단, 색떡 – 서울·경기도 지역의 향토 떡
• 감고지떡, 감인절미 – 전라도 지역의 향토 떡
• 모시잎송편, 잣구리 – 경상도 지역의 향토 떡

29

평안도는 노티떡, 황해도는 오쟁이떡이 향토 떡이다.

30

봉치떡은 봉채떡이라고도 하며 신랑집에서 신부집으로 함을 보내는 납채에 사용하였다.

31

도(桃)는 복숭아를 행(杏)은 살구를 의미한다. 복숭아 도(桃), 살구 행(杏)

32

소지왕이 매년 까만 밥을 지어 먹었다는 풍습이 전해져 약밥이 되었다.

33

고려가요에 나오는 내용으로 최초의 떡집인 쌍화점에서 상화를 판매했다는 것을 통해 떡집이 생겨나 떡이 상품화되어 일반에 널리 보급되었음을 알 수 있다.

34

차륜병, 쑥절편은 단오의 절식이며, 단오는 천중절, 중오절, 수릿날이라고도 한다.

35

발효는 미생물 또는 효소의 작용에 의해서 우리 몸에 유익한 균을 생성하는 상태이다.

36

• 초고압증기멸균법 : 고압증기멸균기를 이용하여 통조림, 거즈 등을 121℃에서 15~20분간 소독하는 방법
• 간헐멸균법 : 100℃의 유통증기를 20~30분간 1일 1회로 3번 반복하는 방법

37

• 승홍수 : 금속 부식이 있으며, 손, 피부 소독에 사용
• 역성비누 : 무색, 무취, 무미하며 침투력이 강함
• 크레졸 : 석탄산보다 2배 강한 소독력

38

약밥은 찹쌀을 이용하여 만드는 떡이다.

39

송편은 멥쌀가루를 익반죽하여 사용한다. 그래야 쌀가루의 일부가 호화되어 점성이 생겨 성형이 쉬우며, 반죽이 갈라지지 않아 송편 빚기가 쉽다.

40

약(藥)은 재료로 꿀이 들어가는 음식에 붙여서 부른다.

41

멥쌀은 찹쌀보다 아밀로오스 함량은 높고, 아밀로펙틴의 함량은 적다. 즉, 아밀로펙틴의 함량이 높은 찹쌀이 멥쌀보다 노화가 느리다.

42

떡의 주재료로 주로 곡류가 이용된다. 콩류는 부재료에 해당한다.

43

상주설기는 홍시를 체에 걸러 고아 농축시킨 것을 멥쌀가루에 섞어 고물 없이 설기로 찐 떡이다.

44

현미는 왕겨만 벗겨내 섬유질이 많아 수분 흡수율이 낮으므로 수침시간을 길게 둔다.

45

쑥이나 수리취 등에는 식이섬유소가 풍부하여 수분결합력이 높기 때문에 일반 떡보다 노화 속도가 느리다.

46

쇠머리떡은 찹쌀가루에 밤, 대추, 호박고지, 서리태와 설탕을 넣고 찜기에 쪄낸 뒤 모양을 잡은 떡이다.

47

식품의 온도를 −18℃ 이하로 냉각하여 전분의 노화를 일시적으로 억제하여 보관기간을 늘릴 수 있다.

48

클로스트리디움 보툴리눔 식중독은 독소형 식중독에 해당한다.

49

• 복어 : 테트로도톡신
• 감자 : 솔라닌, 셉신
• 섭조개 : 삭시톡신
• 모시조개, 바지락, 굴 : 베네루핀
• 독미나리 : 시큐톡신
• 청매 : 아미그달린

50

한계기준 설정은 HACCP 7단계 수행 절차 중 3번째 단계이다.

51

과자·캔디류·추잉껌 및 떡류 식품 등을 제조·가공하는 영업자는 총리령으로 정하는 바에 따라 제조·가공하는 식품 등이 기준과 규격에 맞는지 3개월마다 1회 이상 검사를 실시해야 한다.

52

식품영업장은 축산폐수·화학물질, 그 밖에 오염물질의 발생시설로부터 식품에 나쁜 영향을 주지 아니하는 거리를 두어야 한다.

53

• 쌍화점 : 떡을 판매하는 떡집이 생겨나고 떡이 상품화되었다.
• 목은집 : 유두일에는 수단을 하였고, 차수수로 전병을 부쳐 팥소를 싸서 만든 점서가 매우 맛이 좋다.

54

석탄병의 뜻이다.

55

봉치떡은 혼례에 올리는 떡이다.

56

붉은팥고물을 입힌 찰수수경단은 붉은 팥과 찰수수의 붉은색이 잡귀로부터 아이를 보호하고 삼신이 아이를 지켜준다는 의미를 지니고 있다.

57

우리나라 최대의 곡창지대는 전라도 지역이다.

58

3대 명절은 설, 단오, 추석이다.

59

백미는 여러 번 씻으면 비타민 B_1의 손실이 있으므로 2~3번 가볍게 씻는 것이 좋다.

60

비타민은 체내에서 합성되지 않으므로 반드시 음식물로 섭취해야 한다.

QPASS

원큐패스는 수험생들이 한번에 합격하기를 응원합니다.

떡제조 기능사

필기 실기

정가 **19,000**원

13590

9788927774013

ISBN 978-89-277-7401-3

(주)다락원 경기도 파주시 문발로 211

(02)736-2031 (내용문의: 내선 291~296 / 구입문의: 내선 250~252)

(02)732-2037

www.darakwon.co.kr

http://cafe.naver.com/1qpass

출판등록 1977년 9월 16일 제406-2008-000007호

출판사의 허락 없이 이 책의 일부 또는 전부를 무단 복제·전재·발췌할 수 없습니다.

NCS
국가직무능력표준
교육과정 반영

원큐패스는 수험생들이 **한번에 합격**하기를 응원합니다.

떡제조
기능사
| 실기편 |

이현경, 이현석, 김정여, 신현호, 강경아, 김성아,
박은미, 조미정, 김채옥, 김욱진 공저

다락원

QPASS

원큐패스는 수험생들이 한번에 합격하기를 응원합니다

떡제조
기능사
실기편

실기시험 안내

자격명	영문명	관련부처	시행기관
떡제조기능사	Craftman Tteok Making	식품의약품안전처	한국산업인력공단

01 시험정보

○ 시험 개요 : 곡류, 두류, 과채류 등과 같은 재료를 이용하여 각종 떡류를 만드는 자격으로, 필기(떡 제조 및 위생관리) 및 실기(떡제조 실무) 시험에서 100점을 만점으로 하여 60점 이상 받은 자에게 부여하는 자격

○ 시험 일정
  - 떡제조기능사 시험 일정은 큐넷 홈페이지(www.q-net.or.kr)에서 확인(연 4회).
  - 시험 일정은 종목별, 지역별로 상이할 수 있음.
  - 접수 일정 전에 공지되는 해당 회별 수험자 안내 참조 필수

○ 수수료 : 37,300원

○ 시험과목 및 활용 국가직무능력표준(NCS)

과목명	떡제조 실무
활용 NCS 능력단위	설기떡류 만들기, 켜떡류 만들기, 빚어 찌는 떡류 만들기, 약밥 만들기, 인절미 만들기, 위생관리, 안전관리, 가래떡류 만들기, 고물류 만들기, 찌는 찰떡류 만들기

*국가기술자격의 현장성과 활용성 제고를 위해 국가직무능력표준(NCS)을 기반으로 자격의 내용(시험과목, 출제기준 등)을 직무 중심으로 개편하여 시행합니다.

○ 검정방법 : 작업형(2시간 정도) – 공개문제 참고

○ 합격기준 : 100점을 만점으로 하여 60점 이상

02 실기 검정현황

연도	응시	합격	합격률
2023	6,952	3,405	49%
2022	6,078	2,910	47.9%
2021	6,475	3,199	49.4%

03 과제 현황

○ 과제목록 및 시험시간

과제 번호	과제명	시험시간
1	콩설기떡, 부꾸미	
2	송편, 쇠머리떡	
3	무지개떡(삼색), 경단	2시간
4	백편, 인절미	
5	흑임자시루떡, 개피떡(바람떡)	
6	흰팥시루떡, 대추단자	

○ 길이 표시 눈금이 있는 조리 도구 사용 허용

 – 예시 : 눈금칼, 눈금도마 등 모든 조리도구 눈금 표시 사용 허용

○ 신규 과제용 지참 준비물 추가

 – 흑임자시루떡 : 흑임자 고물 제조용 절구

  ※ 크기, 색상, 재질 등에는 제한사항이 없으며 공개문제를 참고하여 작품 제조에 적합한 절구를 지참합니다.

 – 개피떡(바람떡)용 원형틀

  ※ 공개문제를 참고하여 직경 5.5cm 정도의 원형틀을 지참합니다.

04 위생상태 및 안전관리 세부기준

순번	구분	세부기준	채점기준

1	위생복 상의	• 전체 흰색, 기관 및 성명 등의 표식이 없을 것
		• 팔꿈치가 덮이는 길이 이상의 7부·9부·긴소매
		  (수험자 필요에 따라 흰색 팔토시 가능)
		• 상의 여밈은 위생복에 부착된 것이어야 하며 벨크로(일명 찍찍이), 단추 등의 크기, 색상, 모양, 재질은 제한하지 않음(단, 금속성 부착물·뱃지, 핀 등은 금지)
		• 팔꿈치 길이보다 짧은 소매는 작업 안전상 금지
		• 부직포, 비닐 등 화재에 취약한 재질 금지
			• 미착용, 평상복(흰티셔츠 등), 패션모자(흰털모자, 비니, 야구모자 등) → 실격
			• 기준 부적합 → 위생 0점
			  – 식품가공용이 아닌 경우(화재에 취약한 재질 및 실험복 형태의 영양사·실험용 가운은 위생 0점)
			  – (일부)유색/표식이 가려지지 않은 경우
			  – 반바지·치마 등
			  – 위생모가 뚫려있어 머리카락이 보이거나, 수건 등으로 감싸 바느질 마감처리가 되어있지 않고 풀어지기 쉬워 일반 식품가공 작업용으로 부적합한 경우 등
			  – 위생복의 개인 표식(이름, 소속)은 테이프로 가릴 것
			  – 조리 도구에 이물질(예, 테이프) 부착 금지

2	위생복 하의 (앞치마)	• 「흰색 긴바지 위생복」 또는 「(색상 무관) 평상복 긴바지 + 흰색 앞치마」
		  – 흰색 앞치마 착용 시 앞치마 길이는 무릎 아래까지 덮이는 길이일 것
		  – 평상복 긴바지의 색상·재질은 제한이 없으나, 부직포·비닐 등 화재에 취약한 재질이 아닐 것
		  – 반바지·치마·폭넓은 바지 등 안전과 작업에 방해가 되는 복장은 금지	

3	위생모	• 전체 흰색, 기관 및 성명 등의 표식이 없을 것
		• 빈틈이 없고, 일반 식품가공 시 통용되는 위생모
		  (크기 및 길이, 재질은 제한 없음)
		  – 흰색 머릿수건(손수건)은 머리카락 및 이물에 의한 오염 방지를 위해 착용 금지	

4	마스크	• 침액 오염 방지용으로 종류는 제한하지 않음 (단, 감염병 예방법에 따라 마스크 착용 의무화 기간에는 '투명 위생 플라스틱 입가리개'는 마스크 착용으로 인정하지 않음)	• 미착용 → 실격
5	위생화 (작업화)	• 색상 무관, 기관 및 성명 등의 표식이 없을 것 • 조리화, 위생화, 작업화, 운동화 등 가능 (단, 발가락, 발등, 발뒤꿈치가 모두 덮일 것) • 미끄러짐 및 화상의 위험이 있는 슬리퍼류, 작업에 방해가 되는 굽이 높은 구두, 속 굽 있는 운동화 금지	• 기준 부적합 → 위생 0점
6	장신구	• 일체의 개인용 장신구 착용 금지 (단, 위생모 고정을 위한 머리핀은 허용) • 손목시계, 반지, 귀걸이, 목걸이, 팔찌 등 이물, 교차오염 등의 식품위생 위해 장신구는 착용하지 않을 것	• 기준 부적합 → 위생 0점
7	두발	• 단정하고 청결할 것, 머리카락이 길 경우 흘러내리지 않도록 머리망을 착용하거나 묶을 것	• 기준 부적합 → 위생 0점
8	손/손톱	• 손에 상처가 없어야 하나, 상처가 있을 경우 보이지 않도록 할 것 (시험위원 확인 하에 추가 조치 가능) • 손톱은 길지 않고 청결하며 매니큐어, 인조손톱 등을 부착하지 않을 것	• 기준 부적합 → 위생 0점
9	위생관리	• 재료, 조리기구 등 조리에 사용되는 모든 것은 위생적으로 처리하여야 하며, 식품가공용으로 적합한 것일 것	• 기준 부적합 → 위생 0점

순번	구분	세부기준	채점기준
10	안전사고 발생 처리	• 칼 사용(손 빔) 등으로 안전사고 발생 시 응급조치를 하여야 하며, 응급조치에도 지혈이 되지 않을 경우 시험 진행 불가	–

*일반적인 개인위생, 식품위생, 작업장 위생, 안전관리를 준수하지 않을 경우 감점 처리될 수 있습니다.

05 수험자 유의사항(전과제 공통)

1. 항목별 배점은 [정리정돈 및 개인위생 14점], [각 과제별 43점씩×2가지 = 총 86점]이며, 요구사항 외의 제조 방법 및 채점기준은 비공개입니다.

2. 시험시간은 재료 전처리 및 계량시간, 정리정돈 등 모든 작업과정이 포함된 시간입니다(시험 시간 종료 시까지 작업대 정리를 완료).

3. 수험자 인적사항은 검은색 필기구만 사용하여야 합니다. 그 외 연필류, 유색필기구, 지워지는 펜 등은 사용이 금지됩니다.

4. 시험 전과정 위생수칙을 준수하고 안전사고 예방에 유의합니다.
   • 시작 전 간단한 가벼운 몸 풀기(스트레칭) 운동을 실시한 후 시험을 시작하십시오.
   • 위생복장의 상태 및 개인위생(장신구, 두발·손톱의 청결 상태, 손씻기 등)의 불량 및 정리 정돈 미흡 시 실격 또는 위생항목 감점처리 됩니다.

5. 작품채점(외부평가, 내부평가 등)은 작품 제출 후 채점됨을 참고합니다.

6. 수험자는 제조 과정 중 맛을 보지 않습니다(맛을 보는 경우 위생 부분 감점).

7. 요구사항의 수량을 준수합니다(요구사항 무게 전량/과제별 최소 제출 수량 준수).
   – 「지급재료목록 수량」은 「요구사항 정량」에 여유양이 더해진 양입니다.
   – 수험자는 시험 시작 후 저울을 사용하여 요구사항대로 정량을 계량합니다(계량하지 않고 지급재료 전체를 사용하여 크기 및 수량이 초과될 경우는 "재료 준비 및 계량항목"과 "제품평가" 0점 처리).
   – 계량은 하였으나, 제출용 떡 제품에 사용해야 할 떡반죽(쌀가루 포함)이나 부재료를 사용하지 않고 지나치게 많이 남기는 경우, 요구사항의 수량에 미달될 경우는 "제품평가" 0점 처리
   – 단, 찜기의 용량을 초과하여 반죽을 남기는 경우는 제외하며, 용량 초과로 떡반죽(쌀가루 포함) 및 부재료를 남기는 경우는 찜기에 반죽을 넣은 후 손을 들어 남은 떡반죽과 재료에 대해서 감독위원에게 확인을 받아야 함

8. 타이머를 포함한 시계 지참은 가능하나 아래 사항을 주의합니다.
   – 다른 수험생에게 피해가 가지 않도록 알람 소리, 진동 사용을 제한
   – 손목시계를 착용하는 것은 이물 및 교차오염 방지를 위해 착용을 제한(착용 시 감점)

9. "몰드, 틀" 등과 같은 기능 평가에 영향을 미치는 도구는 사용을 금합니다(사용 시 감점).
   – 쟁반, 그릇 등을 변칙적으로 몰드 용도로 사용하는 경우는 감점

10. 찜기를 포함한 지참준비물이 부적합할 경우는 수험자의 귀책사유이며, 찜기가 지나치게 커서 시험장 가스레인지 사용이 불가할 경우는 가스 안전상 사용에 제한이 있을 수 있습니다.

11. 의문 사항은 손을 들어 문의하고 그 지시에 따릅니다.

12. 다음 사항은 실격에 해당하여 채점 대상에서 제외됩니다.

    가) 수험자 본인이 수험 도중 시험에 대한 포기 의사를 표현하는 경우

    나) 위생복 상의, 위생복 하의(또는 앞치마), 위생모, 마스크 중 1개라도 착용하지 않은 경우

    다) 시험시간 내에 2가지 작품 모두를 제출대(지정장소)에 제출하지 못한 경우

    라) 모양, 제조방법(찌기를 삶기로 하는 등)을 준수하지 않았을 경우

    마) 상품성이 없을 정도로 타거나 익지 않은 경우(제품 가운데 부분의 쌀가루가 익지 않아 생쌀가루 맛이 나는 경우, 익지 않아 형태가 부서지는 경우)

        ※ 찜기 가장자리에 묻어나오는 쌀가루 상태는 채점대상이 아니며, 콩의 익은 정도는 감점 대상(실격 대상 아님)

    바) 지급된 재료 이외의 재료를 사용한 경우(재료 혼용과 같이 해당 과제 외 다른 과제에 필요한 재료를 사용한 경우도 포함)

        ※ 기름류는 실격처리가 아닌 감점 처리이므로 지급재료목록을 확인하여 기름류 사용에 유의(단, 떡 반죽 재료 또는 떡 기름칠 용도로 직접적으로 사용하지 않고 손에 반죽 묻힘 방지용으로는 사용 가능)

    사) 시험 중 시설·장비의 조작 또는 재료의 취급이 미숙하여 위해를 일으킬 것으로 감독위원 전원이 합의하여 판단한 경우

06 특이사항

○ 수험자지참준비물 중 "뒤집개"

  – 둥근 원판은 실기시험에서 사용을 제한함을 알려드리오니, 지참하지 않도록 주의하여 주시기 바랍니다.

    ※ 쇼핑몰에서 "떡뒤집개, 아크릴 뒤집개판, 원형아크릴판, 떡뒤집개판" 등의 제품명으로 판매하고 있으나, 식품용 기구로 활용되는 정식 명칭은 아님을 참고하시기 바랍니다.

  – 적합하지 않은 도구를 사용하여 식품안전 및 위생상 부적합할 경우 "감점"처리됨을 알려드리오니 참고하여 주시기 바랍니다.

    ※ 뒤집개는 요리할 때 음식을 뒤집는 기구로써 뒤집게, 뒤집기, 뒤지개, 스파튤라(spatula), 터너(turner) 등의 명칭으로 통용되고 있으며, 일반적인 조리(주방)도구로써 실리콘, 스테인리스, 나무, 나일론 등 다양한 적합 재질로 제조되어 판매됩니다.

○ 냉장·냉동고 사용 안내

  – 시험장의 냉장·냉동고는 수험자에게 재료를 지급하기 전 시험본부에서 재료를 보관하기 위한 설비로써, 수험자가 시험시간 중 사용하는 것은 허용되지 않습니다.

○ 지참준비물에 없는 핀셋, 계산기 사용 가능 여부 안내

  – 핀셋, 계산기는 실기시험 과정 중 필수적인 도구가 아니며, 일반적으로 사용되는 조리용 도구가 아니므로 사용을 금합니다.

○ 지참준비물 중 "체"

  – 조리용 중간체 또는 어레미 모두 사용 가능함을 참고하여 주시기 바랍니다.

차례

콩설기떡

멥쌀가루에 서리태를 혼합하여 찌는 떡

요구사항

❶ 떡 제조 시 물의 양은 적정량으로 혼합하여 제조
하시오(단, 쌀가루는 물에 불려 소금간하지 않고
2회 빻은 쌀가루이다).

❷ 불린 서리태를 삶거나 쪄서 사용하시오.

❸ 서리태의 1/2 정도는 바닥에 골고루 펴 넣으시오.

❹ 서리태의 나머지 1/2 정도는 멥쌀가루와 골고루
혼합하여 찜기에 안치시오.

❺ 찜기에 안친 쌀가루 반죽을 물솥에 얹어 찌시오.

❻ 서리태를 바닥에 골고루 펴 넣은 면이 위로 오도록
그릇에 담고, 썰지 않은 상태로 전량 제출하시오.

배합표

재료명	비율(%)	무게(g)
멥쌀가루	100	700
설탕	10	70
소금	1	7
물	–	적정량
불린 서리태	–	160

 재료

멥쌀가루(멥쌀을 5시간 정도 불려 빻은 것) 770g
설탕(정백당) 100g
소금(정제염) 10g
서리태(하룻밤 불린 서리태(겨울 10시간, 여름 6시간 이
상), 건서리태 80g 정도 기준) 170g

1 냄비에 물 올리기(서리태)

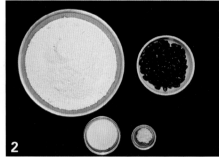

2 재료 계량하기(서리태를 제일 먼저!)

★ 여기서 잠깐! ★
서리태를 제일 먼저 삶고 식혀야 해요

3 물 넉넉히 넣고 뚜껑 열고 서리태 삶기 (20~25분)

★ 여기서 잠깐! ★
콩이 안 익으면 무조건 불합격!!
차라리 지나치게 익는게 더 좋아요~

4 서리태 건져서 식히기

★ 여기서 잠깐! ★
검붉은 콩물이 많이 나오면 살짝 헹구고 사용하세요

5 물솥에 물을 1/2 정도 받아 불에 올리기

6 멥쌀가루에 소금을 넣고 물 주기(7~8T)

★ 여기서 잠깐! ★
계절과 쌀가루 건조 상태에 따라 다를 수 있어요
물 주기 후 손에 쥐어 상태를 확인하세요

7 체에 두 번 내리기

8 찜기 시루 밑에 1/2 서리태 깔기

9 **7**에 설탕을 넣고 1/2 서리태를 넣어 섞기

★ 여기서 잠깐! ★
설탕은 시루에 안치기 직전에 섞어주셔야 모양
이 잘 나와요

10

스크래퍼를 이용하여 **9**를 평평하게 담기

★ 여기서 잠깐! ★

스크래퍼를 이용하여 평평하게 해야 무너지지
않아요

11

찜기에 김이 오르면 25분 찌고 5분 뜸들
이기

12

접시에 담아 제출

합격포인트

- 서리태를 많이 삶으면 콩물이 나와 떡의 색이 검붉게 나오므로 삶은 후 물에 살짝 씻고 사용하면 좋다.
- 떡에 물을 적게 주거나 표면을 평평하게 하지 않을 경우 떡이 갈라질 수 있다.
- 바닥에 깐 콩이 위쪽에 보이도록 담는다.

**콩설기떡
부꾸미
2시간**

부꾸미

찹쌀가루 반죽을 전병처럼 기름에 지진 후에 소를 넣고
반달모양으로 접은 떡

요구사항

❶ 떡 제조 시 물의 양을 적정량으로 혼합하여 반죽을 하시오(단, 쌀가루는 물에 불려 소금간하지 않고 1회 빻은 찹쌀가루이다).

❷ 찹쌀가루는 익반죽하시오.

❸ 떡반죽은 직경 6cm로 지져 팥앙금을 소로 넣어 반으로 접으시오(◠).

❹ 대추와 쑥갓을 고명으로 사용하고 설탕을 뿌린 접시에 부꾸미를 담으시오.

❺ 부꾸미는 12개 이상으로 제조하여 전량 제출하시오.

배합표

재료명	비율(%)	무게(g)
찹쌀가루	100	200
백설탕	15	30
소금	1	2
물	–	적정량
팥앙금	–	100
대추	–	3(개)
쑥갓	–	20
식용유	–	20ml

재료

찹쌀가루(찹쌀을 5시간 정도 불려 빻은 것) 220g
설탕(정백당) 40g
소금(정제염) 10g
팥앙금(고운적팥앙금) 110g
대추(중, 마른 것) 3개
쑥갓 20g
식용유 20ml

1

냄비에 물 올리기(익반죽 물)

2

재료 계량하기

3

찹쌀가루+소금을 섞고 체에 내린 후 익반죽(5T)하기

4

재료썰기

대추 : 씨 제거 후 밀대로 밀어 돌돌 말아 꽃 모양

쑥갓 : 젖은 키친타올에 모양 잡아 두기

5

팥앙금을 8g씩 12개 이상 나누어 타원형으로 만들기

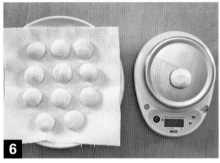

6

부꾸미 반죽을 12개 이상 나누기(21~22g)

★ 여기서 잠깐! ★

반죽의 총량을 12로 나눈 값이 부꾸미 1개 무게

7

등분한 반죽을 직경 6cm 원형 모양으로 만들기

반죽 직경 6cm

8 팬에 기름을 두르고 약한 불에 반죽을 올려 투명하게 한쪽면을 익히기

9 **8**을 뒤집어 팥앙금을 넣어 접어주기

★ 여기서 잠깐! ★
부꾸미 면이 많이 익으면 고명이 잘 붙지 않아요

10 부꾸미 위에 대추꽃과 쑥갓 잎으로 고명 올리기

11 설탕을 뿌린 완성 접시에 담아 제출

합격포인트

· 반죽이 마를 수 있어 반죽은 젖은 면보나 비닐에 넣어 사용한다.
· 반죽을 약한 불에서 지져 투명하게 만든다.
· 반으로 접었을 때 가장자리를 눌러 벌어지지 않도록 한다.
· 12개 이상 만든다.

콩설기떡

① 떡 제조 시 물의 양은 적정량으로 혼합하여 제조하시오(단, 쌀가루는 물에 불려 소금간하지 않고 2회 빻은 쌀가루이다).
② 불린 서리태를 삶거나 쪄서 사용하시오.
③ 서리태의 1/2 정도는 바닥에 골고루 펴 넣으시오.
④ 서리태의 나머지 1/2 정도는 멥쌀가루와 골고루 혼합하여 찜기에 안치시오.
⑤ 찜기에 안친 쌀가루 반죽을 물솥에 얹어 찌시오.
⑥ 서리태를 바닥에 골고루 펴 넣은 면이 위로 오도록 그릇에 담고, 썰지 않은 상태로 전량 제출하시오.

재료명	비율(%)	무게(g)
멥쌀가루	100	700
설탕	10	70
소금	1	7
물	–	적정량
불린 서리태	–	160

★ 재료 📋

멥쌀가루(멥쌀을 5시간 정도 불려 빻은 것) 770g
설탕(정백당) 100g
소금(정제염) 10g
서리태(하룻밤 불린 서리태(겨울 10시간, 여름 6시간 이상), 건서리태 80g 정도 기준) 170g

부꾸미

① 떡 제조 시 물의 양을 적정량으로 혼합하여 반죽을 하시오(단, 쌀가루는 물에 불려 소금간하지 않고 1회 빻은 찹쌀가루이다).
② 찹쌀가루는 익반죽하시오.
③ 떡반죽은 직경 6cm로 지져 팥앙금을 소로 넣어 반으로 접으시오(◠).
④ 대추와 쑥갓을 고명으로 사용하고 설탕을 뿌린 접시에 부꾸미를 담으시오.
⑤ 부꾸미는 12개 이상으로 제조하여 전량 제출하시오.

재료명	비율(%)	무게(g)
찹쌀가루	100	200
백설탕	15	30
소금	1	2
물	–	적정량
팥앙금	–	100
대추	–	3(개)
쑥갓	–	20
식용유	–	20ml

★ 재료 📋

찹쌀가루(찹쌀을 5시간 정도 불려 빻은 것) 220g
설탕(정백당) 40g
소금(정제염) 10g
팥앙금(고운적팥앙금) 110g
대추(중, 마른 것) 3개
쑥갓 20g
식용유 20ml

★ 만드는법

1 냄비에 물 올리기(서리태, 익반죽 물)

2 계량하고 재료 구분해 놓기(서리태를 제일 먼저!)

3 물 넉넉히 넣고 서리태 삶고(20분) 건져서 식히기

4 부꾸미 : 찹쌀가루에 소금을 넣고 체에 내리고 익반죽(5T)하기

5 콩설기떡 : 멥쌀가루에 소금을 넣고 물 주기(7~8T)하고 체에 두 번 내리기

6 **5** 에 설탕을 넣고 1/2 서리태를 넣어 섞기

7 찜기 시루 밑에 1/2 서리태를 깔고 **6** 을 부어 25분 찌고 5분 뜸들이기

8 재료썰기
- 대추: 씨 제거 후 밀대로 밀어 돌돌말아 꽃모양
- 쑥갓: 젖은 키친타올에 모양 잡아두기

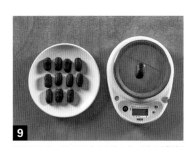

9 팥앙금 8g씩 12개 이상 나누어 타원형으로 만들기

10 부꾸미 반죽은 12개 이상 나누기(21~22g씩)

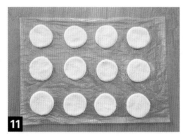

11 등분한 반죽은 직경 6cm 원형 모양으로 만들기

12 기름을 두르고 약한 불에 반죽을 올려 투명하게 한쪽면을 익히고, 뒤집어 팥앙금을 넣어 접어주기

13 부꾸미 위에 대추꽃과 쑥갓 잎으로 고명 올리기

14 설탕을 뿌린 완성 접시 위에 부꾸미 담기

15 콩설기 접시에 담기

송편

멥쌀가루 반죽에 소를 넣고 모양을 빚어서 찌는 떡

요구사항

❶ 떡 제조 시 물의 양은 적정량으로 혼합하여 제조
하시오(단, 쌀가루는 물에 불려 소금간 하지 않고
2회 빻은 쌀가루이다).

❷ 불린 서리태는 삶아서 송편소로 사용하시오.

❸ 떡 반죽과 송편소는 4:1~3:1 정도의 비율로 제조
하시오(송편소가 1/4~1/3 정도 포함되어야 함).

❹ 쌀가루는 익반죽하시오.

❺ 송편은 완성된 상태가 길이 5cm, 높이 3cm 정도
의 반달송편모양(◠)이 되도록 오므려 집어
송편 모양을 만들고, 12개 이상으로 제조하여 전
량 제출하시오.

❻ 송편을 찜기에 쪄서 참기름을 발라 제출하시오.

배합표

재료명	비율(%)	무게(g)
멥쌀가루	100	200
소금	1	2
물	–	적정량
불린 서리태	–	70
참기름	–	적정량

 재료

멥쌀가루(멥쌀을 5시간 정도 불려 빻은 것) 220g
소금(정제염) 5g
서리태(하룻밤 불린 서리태(겨울 10시간, 여름 6시간 이
상), 건서리태 40g 정도 기준) 80g
참기름 15ml

1 냄비에 물 올리기(서리태, 익반죽 물)

2 재료 계량하기(서리태를 제일 먼저!)

★ 여기서 잠깐! ★
서리태를 제일 먼저 삶고 식혀야 해요

3 물 넉넉히 넣고 뚜껑 열고 서리태 삶기 (20~25분)

★ 여기서 잠깐! ★
콩이 안 익으면 무조건 불합격!! 차라리 지나치게 익는게 더 좋아요~

송편 쇠머리떡
2시간

★ 여기서 잠깐! ★
경단보다는 반죽이 질고 길게 늘려 구부렸을 때 갈라지지 않고 구부러지는 정도가 좋아요. 절대 되지 않도록

4 멥쌀가루+소금을 섞고 체에 내린 후 익 반죽(5T)하기

5 비닐봉지나 젖은 면보를 이용하여 반죽 숙성시키기

6 서리태 건져서 소금 뿌리고 식히기

★ 여기서 잠깐! ★
소로 들어가는 서리태에는 간을 해야 해요

7 물솥에 물을 1/2 정도 받아 불에 올리기

8 송편반죽을 12개 이상 나누기(21~22g)

★ 여기서 잠깐! ★
반죽의 총 양을 12로 나눈 값이 송편 1개 무게

9
서리태를 8~9알 정도 넣고 송편 빚기
(5×3cm, 12개)

★ 여기서 잠깐! ★
요구사항에 떡반죽과 송편소는 4:1~3:1 정도의
비율인데 그 정도는 서리태 약 8~9알 정도

10
송편을 찜기에 올리고 20분간 찌기

11
익은 송편을 찬물에 재빠르게 헹구기

★ 여기서 잠깐! ★
찐 송편 위에 찬물샤워를 해도 좋아요
(1~2컵 정도)

12
송편이 익으면 참기름을 바르기

13
접시에 담아 제출

합격포인트
· 송편을 만들 때 공기를 빼지 않으면 찌는 중에 송편이 터질 수 있다.
· 송편의 반죽이 마를 수 있어 반죽은 젖은 면보나 비닐에 넣어
  사용한다.
· 송편에 참기름을 바르고 제출한다.

쇠머리떡

찹쌀가루에 밤, 대추, 호박고지, 서리태를 섞어 쪄낸 떡

요구사항

❶ 떡 제조 시 물의 양은 적정량을 혼합하여 제조하시오(단, 쌀가루는 물에 불려 소금간하지 않고 1회 빻은 찹쌀가루이다).

❷ 불린 서리태는 삶거나 쪄서 사용하고, 호박고지는 물에 불려서 사용하시오.

❸ 밤, 대추, 호박고지는 적당한 크기로 잘라서 사용하시오.

❹ 부재료를 쌀가루와 잘 섞어 혼합한 후 찜기에 안치시오.

❺ 떡반죽을 넣은 찜기를 물솥에 얹어 찌시오.

❻ 완성된 쇠머리떡은 15×15cm 정도의 사각형 모양으로 만들어 자르지 말고 전량 제출하시오.

❼ 찌는 찰떡류로 제조하며, 지나치게 물을 많이 넣어 치지 않도록 주의하여 제조하시오.

배합표

재료명	비율(%)	무게(g)
찹쌀가루	100	500
설탕	10	50
소금	1	5
물	–	적정량
불린 서리태	–	100
대추	–	5(개)
깐밤	–	5(개)
마른 호박고지	–	20
식용유	–	적정량

재료

찹쌀가루(찹쌀을 5시간 정도 불려 빻은 것) 550g
설탕(정백당) 60g
서리태(하룻밤 불린 서리태(겨울 10시간, 여름 6시간 이상), 건서리태 60g 정도 기준) 110g
대추 5개
밤(겉껍질, 속껍질 제거한 밤) 5개
마른 호박고지(늙은 호박(또는 단호박)을 썰어서 말린 것) 25g
소금(정제염) 7g
식용유 15ml

1

냄비에 물 올리기(서리태)

2

재료 계량하기(서리태를 제일 먼저!)

★ 여기서 잠깐! ★

서리태를 제일 먼저 삶고 식혀야 해요

3

호박고지 물에 불리기

★ 여기서 잠깐! ★

호박고지의 상태가 너무 딱딱하다면 살짝 따뜻한 물로 불려주세요

4

물 넉넉히 넣고 서리태 삶기(20~25분)

★ 여기서 잠깐! ★

콩이 안 익으면 무조건 불합격!!
차라리 지나치게 익는 게 더 좋아요~

5

서리태 건져서 식히기

★ 여기서 잠깐! ★

검붉은 콩물이 많이 나오면 살짝 헹구고 사용하세요

6

물솥에 물을 1/2 정도 받아 불에 올리기

7

재료썰기
밤 : 6~8등분
대추 : 씨 제거 후 6~8등분
호박고지 : 2cm 정도

8

찹쌀가루+소금을 섞고 물 주기(2T)한 후 체에 내리기

★ 여기서 잠깐! ★

물을 많이 주면 반죽이 처져서 모양잡기가 힘들어요

9

찜기 시루 밑에 젖은 면보를 깔고 설탕을 뿌린 후 밤, 대추, 호박고지, 서리태 깔기

10

9 에 8 과 설탕을 섞어 주먹을 쥐며 설기게 담고 증기구멍을 만들어 25분간 찌기

11

비닐에 식용유 바르기

12

쇠머리떡이 익으면 비닐을 이용하여 15×15cm 크기로 만들기

★ 여기서 잠깐! ★

식히기 작업을 잘해야 처지지 않고 모양이 잘 잡힌 찰떡을 만들 수 있어요. 5분씩 5번 이상 진행하세요

13

12 에 차가운 면보에 싸기를 여러 번하여 식히기

14

접시에 담아 제출

합격포인트

· 찜기에 깐 젖은 면보 위에 설탕을 뿌리면 반죽이 익은 후 잘 떨어진다.
· 모양을 잡기 위해 비닐에 기름을 바를 때 과하면 떡이 질어지므로 주의한다.
· 쇠머리찰떡의 모양을 잡고 반드시 식혀서 제출해야 모양이 퍼지지 않는다.

쇠머리떡
15×15cm

송편

① 떡 제조 시 물의 양은 적정량으로 혼합하여 제조하시오(단, 쌀가루는 물에 불려 소금간 하지 않고 2회 빻은 쌀가루이다).
② 불린 서리태는 삶아서 송편소로 사용하시오.
③ 떡 반죽과 송편소는 4:1~3:1 정도의 비율로 제조하시오(송편소가 1/4~1/3 정도 포함되어야 함).
④ 쌀가루는 익반죽하시오.
⑤ 송편은 완성된 상태가 길이 5cm, 높이 3cm 정도의 반달모양(◠)이 되도록 오므려 집어 송편 모양을 만들고, 12개 이상으로 제조하여 전량 제출하시오.
⑥ 송편을 찜기에 쪄서 참기름을 발라 제출하시오.

재료명	비율(%)	무게(g)
멥쌀가루	100	200
소금	1	2
물	–	적정량
불린 서리태	–	70
참기름	–	적정량

★ 재료

멥쌀가루(멥쌀을 5시간 정도 불려 빻은 것) 220g
소금(정제염) 5g
서리태(하룻밤 불린 서리태(겨울 10시간, 여름 6시간 이상), 건서리태 40g 정도 기준) 80g
참기름 15ml

쇠머리떡

① 떡 제조 시 물의 양은 적정량을 혼합하여 제조하시오(단, 쌀가루는 물에 불려 소금간하지 않고 1회 빻은 찹쌀가루이다).
② 불린 서리태는 삶거나 쪄서 사용하고, 호박고지는 물에 불려서 사용하시오.
③ 밤, 대추, 호박고지는 적당한 크기로 잘라서 사용하시오.
④ 부재료를 쌀가루와 잘 섞어 혼합한 후 찜기에 안치시오.
⑤ 떡반죽을 넣은 찜기를 물솥에 얹어 찌시오.
⑥ 완성된 쇠머리떡은 15×15cm 정도의 사각형 모양으로 만들어 자르지 말고 전량 제출하시오.
⑦ 찌는 찰떡류로 제조하며, 지나치게 물을 많이 넣어 치지 않도록 주의하여 제조하시오.

재료명	비율(%)	무게(g)
찹쌀가루	100	500
설탕	10	50
소금	1	5
물	–	적정량
불린 서리태	–	100
대추	–	5(개)
깐밤	–	5(개)
마른 호박고지	–	20
식용유	–	적정량

★ 재료

찹쌀가루(찹쌀을 5시간 정도 불려 빻은 것) 550g
설탕(정백당) 60g
서리태(하룻밤 불린 서리태(겨울 10시간, 여름 6시간 이상), 건서리태 60g 정도 기준) 110g
대추 5개
밤(겉껍질, 속껍질 제거한 밤) 5개
마른 호박고지(늙은 호박(또는 단호박)을 썰어서 말린 것) 25g
소금(정제염) 7g
식용유 15ml

★ 만드는법

1 냄비에 물 올리기(서리태, 익반죽 물)

2 계량하고 재료 구분해 놓기(서리태를 제일 먼저!)

3 호박고지 물에 불리기

4 물 넉넉히 넣고 쇠머리떡(100g)+송편(70g) 서리태를 같이 삶고(20분) 건져서 식히고 나누기

5 밤 6~8등분, 대추 씨 제거 후 6~8등분, 호박고지 2cm 정도 재료썰기

6 송편 멥쌀가루+소금을 섞고 체에 내린 후 익반죽(5T)하기

7 쇠머리떡 찹쌀가루+소금을 섞고 물주기(2T)한 후 체에 내리기

8 찜기 시루 밑에 젖은 면보를 깔고 여분의 설탕을 뿌린 후 밤, 대추, 호박고지, 서리태 깔기

9 **7**에 **6**과 설탕을 섞어 주먹을 쥐며 설기며 담고 증기구멍을 만들어 주고 25분간 찌기

10 송편 반죽을 12개 이상 나누기(21~22g)

11 서리태를 8~9알 정도 넣고 송편 빚기 (12개)

12 송편을 찜기에 올리고 20분간 찌기

13 쇠머리떡 담을 비닐에 식용유 바르기

14 쇠머리떡이 익으면 13의 비닐을 이용하여 15×15cm 크기로 만들고 차가운 면보에 싸서 익히기

15 송편이 익으면 찬물로 헹구고 참기름을 발라 접시에 담기

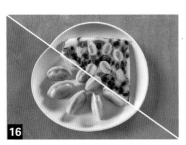

16 송편과 쇠머리떡 접시에 담기

무지개떡(삼색)

멥쌀가루에 물들이고자 하는 색의 수대로 나누어
색물을 들여 찌는 떡

❶ 떡 제조 시 물의 양은 적정량으로 혼합하여 제조하시오(단, 쌀가루는 물에 불려 소금간하지 않고 2회 빻은 멥쌀가루이다).

❷ 삼색의 구분이 뚜렷하고 두께가 같도록 떡을 안치고 8등분으로 칼금을 넣으시오.

흰쌀가루
치자쌀가루
쑥쌀가루

[삼색 구분, 두께 균등]

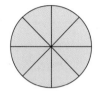

[8등분 칼금]

❸ 대추와 잣을 흰쌀가루에 고명으로 올려 찌시오.

❹ 고명이 위로 올라오게 담아 전량 제출하시오.

재료명	비율(%)	무게(g)
멥쌀가루	100	750
설탕	10	75
소금	1	8
물	–	적정량
치자	–	1(개)
쑥가루	–	3
대추	–	3(개)
잣	–	2

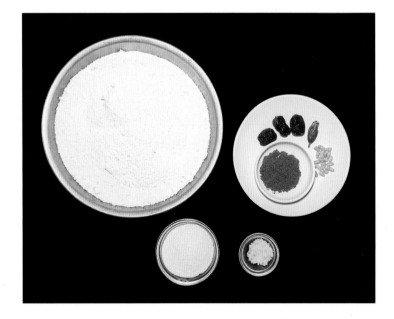

재료

멥쌀가루(멥쌀을 5시간 정도 불려 빻은 것) 800g
설탕(정백당) 100g
소금(정제염) 10g
치자(말린 것) 1개
쑥가루(말려 빻은 것) 3g
대추(중, 마른 것) 3개
잣(약 20개 정도, 속껍질 벗긴 통잣) 2g

1 멥쌀가루, 소금, 설탕 3등분하기

2 냄비에 물 올리기(치자 우릴 물)

3 치자를 2~3등분한 후 따뜻한 물 3큰술로 치자물 우리기

4 재료썰기
대추 : 씨 제거 후 밀대로 밀어 돌돌 말아 꽃모양
잣 : 비늘잣

5 **1**에 물 주고(2~3T) 체에 각각 두 번 내리기
• 멥쌀가루+소금+물 2T
• 멥쌀가루+소금+치자물 2T
• 멥쌀가루+소금+쑥가루+물 3T

★ 여기서 잠깐! ★

쑥가루가 추가로 들어가서 물을 조금 더 잡으세요
계절과 쌀가루 건조 상태에 따라 다를 수 있어요
물 주기 후 손에 쥐어 상태를 확인하세요

6 **5**에 각각 설탕을 넣어 섞기

★ 여기서 잠깐! ★

설탕은 시루에 안치기 직전에 섞어주셔야 모양이 잘 나와요

7 찜기 시루 밑을 깔고 **6**을 쑥가루-치자-흰색 순으로 평평하게 담은 후 8등분 칼집내기

★ 여기서 잠깐! ★

스크래퍼를 이용하여 평평하게 해야 무너지지 않아요

8 **7**에 대추와 비늘잣으로 고명 올리기

9

8 을 25분간 찌고 5분 뜸들이기

10

접시에 담아 제출

합격포인트

- 떡이 완성되었을 때 삼색의 두께가 같도록 쌀가루의 반죽량을 일정하게 한다.
- 떡에 물을 적게 주거나 표면을 평평하게 하지 않을 경우 떡이 갈라질 수 있다.
- 쑥-치자-흰가루 순으로 찜기에 올리고 잣과 대추로 장식하여 찐다.

경단

찹쌀가루를 익반죽하여 둥글게 빚어서 끓는 물에 삶아 내어
콩고물을 묻힌 떡

❶ 떡 제조 시 물의 양을 적정량으로 혼합하여 반죽을 하시오(단, 쌀가루는 물에 불려 소금간하지 않고 1회 빻은 쌀가루이다).

❷ 찹쌀가루는 익반죽하시오.

❸ 반죽은 직경 2.5~3cm 정도의 일정한 크기로 20개 이상 만드시오.

❹ 경단은 삶은 후 고물로 콩가루를 묻히시오.

❺ 완성된 경단은 전량 제출하시오.

배합표

재료명	비율(%)	무게(g)
찹쌀가루	100	200
소금	1	2
물	–	적정량
볶은 콩가루	–	50

재료

찹쌀가루(찹쌀을 5시간 정도 불려 빻은 것) 220g
소금(정제염) 10g
콩가루(볶은 콩가루) 60g

1
냄비에 물 올리기(익반죽 물)

2
재료 계량하기

3
찹쌀가루에 소금을 넣고 체에 내리고
익반죽(4T 정도) 하기

★ 여기서 잠깐! ★
반죽이 단단한 게 좋아요. 절대 질지 않도록!!
반죽 상태에 따라 물의 양을 가감하세요

4
냄비에 물 올리기(경단 삶을 물)

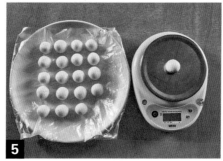

5
경단을 20개 이상 만들기(11~12g)

★ 여기서 잠깐! ★
경단 반죽의 총 양을 20으로 나눈 값이 경단 1개
무게

★ 여기서 잠깐! ★
경단은 2번에 나눠서 익혀주세요. 반죽 상태에
따라 달라붙을 수 있어요

6
끓는 물에 경단을 삶고 떠오르면 찬물
1/2컵을 넣고 다시 떠오르기를 2번하고
건지기

7
찬물에 2번 이상 헹궈 식히고 물기 제거하기

★ 여기서 잠깐! ★
물기를 너무 많이 제거하면 콩고물이 잘 묻지
않아요

무지개떡(삼색)
경단
2시간

8 접시에 콩고물을 담고 경단을 굴려
묻히기

9 접시에 담아 제출

합격포인트

- 경단을 삶을 때 떠올라도 심지 쪽이 안 익었을 수 있어 1~2분 정도 뜸을 들이고 건진다.
- 지나치게 삶아 떡이 퍼지지 않도록 유의한다.

혼공비법 실전연습

실제로 시험은 두 가지 과제를 제출해야 하니까 두 가지 과제를 만드는 실전 연습은 여기서 보세요!

무지개떡(삼색)

① 떡 제조 시 물의 양은 적정량으로 혼합하여 제조하시오(단, 쌀가루는 물에 불려 소금간하지 않고 2회 빻은 멥쌀가루이다).
② 삼색의 구분이 뚜렷하고 두께가 같도록 떡을 안치고 8등분으로 칼금을 넣으시오.

[삼색 구분, 두께 균등]

[8등분 칼금]

③ 대추와 잣을 흰쌀가루에 고명으로 올려 찌시오.
④ 고명이 위로 올라오게 담아 전량 제출하시오.

재료명	비율(%)	무게(g)
멥쌀가루	100	750
설탕	10	75
소금	1	8
물	–	적정량
치자	–	1(개)
쑥가루	–	3
대추	–	3(개)
잣	–	2

경단

① 떡 제조 시 물의 양을 적정량으로 혼합하여 반죽을 하시오(단, 쌀가루는 물에 불려 소금간하지 않고 1회 빻은 쌀가루이다).
② 찹쌀가루는 익반죽하시오.
③ 반죽은 직경 2.5~3cm 정도의 일정한 크기로 20개 이상 만드시오.
④ 경단은 삶은 후 고물로 콩가루를 묻히시오.
⑤ 완성된 경단은 전량 제출하시오.

재료명	비율(%)	무게(g)
찹쌀가루	100	200
소금	1	2
물	–	적정량
볶은 콩가루	–	50

★ 재료

멥쌀가루(멥쌀을 5시간 정도 불려 빻은 것) 800g
설탕(정백당) 100g
소금(정제염) 10g
치자(말린 것) 1개
쑥가루(말려 빻은 것) 3g
대추(중, 마른 것) 3개
잣(약 20개 정도, 속껍질 벗긴 통잣) 2g

★ 재료

찹쌀가루(찹쌀을 5시간 정도 불려 빻은 것) 220g
소금(정제염) 10g
콩가루(볶은 콩가루) 60g

★ 만드는법

1
냄비에 물 올리기(익반죽 물, 치자 우릴 물)

2
치자를 2~3등분 한 후 따뜻한 물 3큰술로 치자물 우리기

3
경단 재료 계량하기

4
무지개떡: 재료 계량하기
- 멥쌀가루+소금 3등분하기
- 설탕 3등분하기

5
경단: 찹쌀가루에 소금을 넣고 체에 내리고 익반죽(4T 정도)하기

6
재료썰기
- 대추 씨 제거 후 밀대로 밀어 돌돌 말아 꽃모양(무지개떡)
- 잣: 비늘잣

7
4에 물 주고(2~3T) 체에 각각 두 번 내려 설탕 넣기
- 멥쌀가루+소금+물 2T
- 멥쌀가루+소금+치자물 2T
- 멥쌀가루+소금+쑥가루+물 3T

8
찜기 시루 밑을 깔고 **7**을 쑥가루-치자-흰색 순으로 평평하게 담은 후 8등분 칼집내기

9
8에 대추와 비늘잣으로 고명 올리기

9 를 25분간 찌고 5분간 뜸들이기

냄비에 물 올리기(경단 삶을 물)

경단을 20개 이상 만들기(11~12g)

끓는 물에 경단을 삶고 떠오르면 찬물 1/2컵 넣고 다시 떠오르기를 2번 하고 건지기

찬물에 2번 이상 헹궈 식히고 물기 제거하고 콩고물에 묻히기

무지개떡과 경단 접시에 담기

《오방색무늬떡(무지개설기)》

백편

멥쌀가루에 대추채, 밤채, 잣 등을 고명으로 얹어 찌는 떡

❶ 떡 제조 시 물의 양은 적정량으로 혼합하여 제조하시오(단, 쌀가루는 물에 불려 소금간하지 않고 2회 빻은 멥쌀가루이다).

❷ 밤, 대추는 곱게 채썰어 사용하고 잣은 반으로 쪼개어 비늘잣으로 만들어 사용하시오.

❸ 쌀가루를 찜기에 안치고 윗면에만 밤, 대추, 잣을 고물로 올려 찌시오.

❹ 고물을 올린 면이 위로 오도록 그릇에 담고 썰지 않은 상태로 전량 제출하시오.

배합표

재료명	비율(%)	무게(g)
멥쌀가루	100	500
설탕	10	50
소금	1	5
물	–	적정량
깐밤	–	3(개)
대추	–	5(개)
잣	–	2

재료

멥쌀가루(멥쌀을 5시간 정도 불려 빻은 것) 550g
설탕(정백당) 60g
소금(정제염) 10g
밤(겉껍질, 속껍질 벗긴 밤) 3개
대추(중, 마른 것) 5개
잣(약 20개 정도, 속껍질 벗긴 통잣) 2g

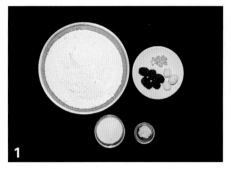

1 재료 계량하기

2 물솥에 물을 1/2 정도 받아 불에 올리기

3 재료썰기
밤 : 곱게 채썰기
대추 : 씨 제거 후 곱게 채썰기
잣 : 비늘잣

4 멥쌀가루에 소금을 넣고 물 주고(5~6T)
체에 두 번 내리기

★ 여기서 잠깐! ★
계절과 쌀가루 건조상태에 따라 다를 수 있어요
물 주기 후 손에 쥐어 상태를 확인하세요

★ 여기서 잠깐! ★
설탕은 시루에 안치기 직전에 섞어주셔야 모양이
잘 나와요

5 **4**에 설탕을 넣어 섞기

6 찜기 시루 밑을 깔고 **5**를 평평하게 담기

인절미 백편 2시간

스크래퍼를 이용하여 평평하게 해야 무너지지 않아요

밤, 대추, 잣으로 고명을 올리고 20분 찌고 5분 뜸들이기

고명 올린 면이 위로 오게 접시에 담아 제출

합격포인트
· 밤과 대추는 일정하게 채 썰고, 잣은 비늘잣으로 모양 있게 올린다.
· 떡에 물을 적게 주거나 표면을 평평하게 하지 않을 경우 떡이 갈라질 수 있다.

인절미

찹쌀가루를 찐 후 안반에 놓고 떡메로 친 뒤에
적당한 크기로 썰어 고물을 묻힌 떡

요구사항

❶ 떡 제조 시 물의 양을 적정량으로 혼합하여 제조하시오(단, 쌀가루는 물에 불려 소금간하지 않고 1회 빻은 찹쌀가루이다).

❷ 익힌 찹쌀반죽은 스테인리스볼과 절구공이(밀대)를 이용하여 소금물을 묻혀 치시오.

❸ 친 인절미는 기름 바른 비닐에 넣어 두께 2cm 이상으로 성형하여 식히시오.

❹ 4×2×2cm 크기로 인절미를 24개 이상 제조하여 콩가루를 고물로 묻혀 전량 제출하시오.

배합표

재료명	비율(%)	무게(g)
찹쌀가루	100	500
설탕	10	50
소금	1	5
물	–	적정량
볶은 콩가루	12	60
식용유	–	5
소금물용 소금	–	5

 재료

찹쌀가루(찹쌀을 5시간 정도 불려 빻은 것) 550g
설탕(정백당) 60g
소금(정제염) 10g
콩가루(볶은 콩가루, 방앗간 인절미용 구매) 70g
식용유(비닐에 바르는 용도) 15ml

1 재료 계량하기

2 물솥에 물을 1/2 정도 받아 불에 올리기

3 찹쌀가루+소금을 섞고 물 주기(2T)한 후 체에 내리기

★ 여기서 잠깐! ★
물을 많이 주면 반죽이 처져서 모양잡기 힘들어요

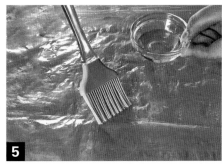

4 찜기 시루 밑에 젖은 면보를 깔고 설탕을 뿌린 후 **3**에 설탕을 섞어 주먹을 쥐며 설기게 담고 증기구멍을 만들어 25~30분간 찌기

5 비닐에 식용유 바르기

6 물(4T)에 소금을 넣어 소금물 만들기

★ 여기서 잠깐! ★
계량한 소금은 반죽에 넣고 남은 소금으로 만드세요

백편
인절미
2시간

혼공비법

★ 여기서 잠깐! ★
소금물은 4T보다 조금 더 만들어서 사용해도 무방

7 볼에 소금물(2T)을 넣고 **4**를 넣어 남은 소금물을 묻혀가며 절구에 10분 정도 치기

8 식용유를 바른 비닐에 친 떡을 놓고 가로 25cm, 세로 9cm로 모양 잡기

인절미
4×2×2cm

9 인절미 반죽을 젖은 면보로 감싸 반죽
식히기

혼공비법

★ 여기서 잠깐! ★
콩가루 일부를 반죽 위에 바르고 자르면 더 쉽게
잘려요

10 스크래퍼를 이용하여 4×2×2cm 크기
로 썰어 콩고물 골고루 묻히기

11 접시에 담아 제출

합격포인트

· 찜기에 깐 젖은 면보 위에 설탕을 뿌리면 반죽이 익은 후 잘 떨어진다.
· 모양을 잡기 위해 비닐에 기름을 바를 때 과하면 떡이 질어지므로 주의한다.
· 떡을 칠 때 소금물을 많이 사용하면 떡이 질어질 수 있다.

2시간

백편

① 떡 제조 시 물의 양은 적정량으로 혼합하여 제조하시오(단, 쌀가루는 물에 불려 소금간하지 않고 2회 빻은 멥쌀가루이다).
② 밤, 대추는 곱게 채썰어 사용하고 잣은 반으로 쪼개어 비늘잣으로 만들어 사용하시오.
③ 쌀가루를 찜기에 안치고 윗면에만 밤, 대추, 잣을 고물로 올려 찌시오.
④ 고물을 올린 면이 위로 오도록 그릇에 담고 썰지 않은 상태로 전량 제출하시오.

재료명	비율(%)	무게(g)
멥쌀가루	100	500
설탕	10	50
소금	1	5
물	–	적정량
깐밤	–	3(개)
대추	–	5(개)
잣	–	2

인절미

① 떡 제조 시 물의 양을 적정량으로 혼합하여 제조하시오(단, 쌀가루는 물에 불려 소금간하지 않고 1회 빻은 찹쌀가루이다).
② 익힌 찹쌀반죽은 스테인리스볼과 절구공이(밀대)를 이용하여 소금물을 묻혀 치시오.
③ 친 인절미는 기름 바른 비닐에 넣어 두께 2cm 이상으로 성형하여 식히시오.
④ 4×2×2cm 크기로 인절미를 24개 이상 제조하여 콩가루를 고물로 묻혀 전량 제출하시오.

재료명	비율(%)	무게(g)
찹쌀가루	100	500
설탕	10	50
소금	1	5
물	–	적정량
볶은 콩가루	12	60
식용유	–	5
소금물용 소금	–	5

★ 재료

멥쌀가루(멥쌀을 5시간 정도 불려 빻은 것) 550g
설탕(정백당) 60g
소금(정제염) 10g
밤(겉껍질, 속껍질 벗긴 밤) 3개
대추(중, 마른 것) 5개
잣(약 20개 정도, 속껍질 벗긴 통잣) 2g

★ 재료

찹쌀가루(찹쌀을 5시간 정도 불려 빻은 것) 550g
설탕(정백당) 60g
소금(정제염) 10g
콩가루(볶은 콩가루, 방앗간 인절미용 구매) 70g
식용유(비닐에 바르는 용도) 15ml

★ 만드는법

1 물솥에 물을 1/2 정도 받아 불에 올리기

2 재료 계량하기

3 찹쌀가루+소금을 섞고 물 주기(2T)한 후 체에 내리기

4 찜기 시루 밑에 젖은 면보를 깔고 설탕을 뿌린 후 **3**에 설탕을 섞어 주먹을 쥐며 설기게 담고 증기구멍을 만들어 25분간 찌기

5 재료썰기
- 밤 : 곱게 채썰기
- 대추 : 씨 제거 후 곱게 채썰기
- 잣 : 비늘잣

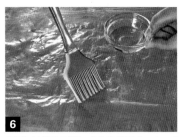

6 인절미 반죽 담을 비닐에 식용유 바르기

7 물(4T)에 소금 5g을 넣어 소금물 만들기(인절미 치대기용)

8 멥쌀가루에 소금을 넣고 물 주고(5~6T) 체에 두 번 내리기

9 **8**에 설탕을 넣어 섞기

10
찜기 시루 밑을 깔고 **9**를 평평하게 담은 후 밤, 대추, 잣으로 고명을 올려 20분 찌고 5분 뜸 들이기

11
볼에 소금물(2T)를 넣고 **4**를 넣어 절구에 소금물을 묻혀가며 10분 정도 치기

12
식용유를 바른 비닐에 인절미 반죽을 놓고 가로 25cm, 세로 9cm로 모양 잡기

13
인절미 반죽을 젖은 면보로 감싸 반죽 식히기

14
인절미 반죽을 스크래퍼를 이용하여 4×2×2cm 크기로 썰어 콩고물을 골고루 묻히기

15
인절미와 백편 접시에 담기

《쑥인절미》

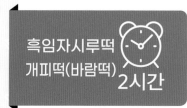

흑임자시루떡
개피떡(바람떡)
2시간

흑임자시루떡

찹쌀가루에 흑임자 가루를 올려 찌는 떡

요구사항

❶ 떡 제조 시 물의 양은 적정량으로 혼합하여 제조하시오(단, 쌀가루는 물에 불려 소금간하지 않고 1회 빻은 찹쌀가루이다).

❷ 흑임자는 씻어 일어 이물이 없게 하고 타지 않게 볶아 소금간하여 빻아서 고물로 사용하시오.

❸ 찹쌀가루 위·아래에 흑임자 고물을 이용하여 찜기에 한켜로 안치시오.

❹ 찜기에 안쳐 물솥에 얹어 찌시오.

❺ 썰지 않은 상태로 전량 제출하시오.

배합표

재료명	비율(%)	무게(g)
찹쌀가루	100	400
설탕	10	40
소금 (쌀가루반죽)	1	4
소금 (고물)	–	적정량
물	–	적정량
흑임자	27.5	110

 재료

찹쌀가루(찹쌀을 5시간 정도 불려 빻은 것) 440g
설탕(정백당) 50g
소금(정제염) 10g
흑임자(볶지 않은 상태) 120g

1

재료 계량하기

2

흑임자를 씻어 이물 제거하기

혼공비법

★ 여기서 잠깐! ★

물에 담가 떠오르는 것을 2~3번 반복하여 세척하면 깨끗해요~

3

마른 팬에서 흑임자 볶기(센불)

★ 여기서 잠깐! ★

흑임자의 물기 제거가 잘 되어야 잘 볶아져요
통통하게 부풀 정도까지만 볶아주세요

4

흑임자에 소금을 넣고 간하여 절구에 빻기

5

물솥에 물을 1/2 정도 받아 불에 올리기

흑임자시루떡
개피떡(바람떡)

2시간

6

찹쌀가루에 소금 넣고 물주기(4T) 한 후 체에 내리기

7

찜기 시루 밑에 젖은 면포를 깔고 가장자리에 설탕을 뿌린 후 흑임자-찹쌀가루+설탕-흑임자 순으로 평평하게 담기

8

7을 25분간 찌고 5분간 뜸 들이기

9

접시에 담아 제출

합격포인트

- 흑임자를 타지 않게 볶는다.
- 떡에 물을 주거나 표면을 평평하게 하지 않을 경우 떡의 모양이 좋지 않다.
- 찜기에 깐 젖은 면포 위에 설탕을 뿌리면 반죽이 익은 후 잘 떨어진다.

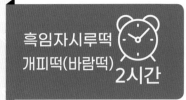

흑임자시루떡
개피떡(바람떡) **2시간**

개피떡(바람떡)

멥쌀가루에 팥고물을 넣고 반달모양으로 빚은 떡

❶ 떡 제조 시 물의 양을 적정량으로 혼합하여 반죽을 하시오(단, 쌀가루는 물에 불려 소금간하지 않고 2회 빻은 멥쌀가루이다).

❷ 익힌 멥쌀반죽은 치대어 떡반죽을 만들고 떡이 붙지 않게 고체유를 바르면서 제조하시오.

❸ 떡반죽은 두께 4~5mm 정도로 밀어 팥앙금을 소로 넣어 원형틀(직경 5.5cm 정도)을 이용하여 반달모양으로 찍어 모양을 만드시오(◠).

❹ 개피떡은 12개 이상으로 제조하여 참기름을 발라 제출하시오.

배합표

재료명	비율(%)	무게(g)
멥쌀가루	100	300
소금	1	3
물	–	적정량
팥앙금	66	200
참기름	–	적정량
고체유	–	5
설탕	–	10 (찔 때 필요시 사용)

재료

멥쌀가루(멥쌀을 5시간 정도 불려 빻은 것) 330g
소금(정제염) 10g
팥앙금(고운적팥앙금) 220g
고체유(밀납)(마가린 대체 가능) 7g
설탕 15g
참기름 10g

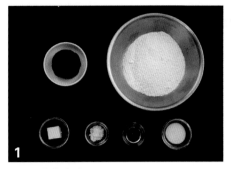

1 재료 계량하기

2 물솥에 물을 1/2 정도 받아 불에 올리기

3 멥쌀가루를 체에 두 번 내려 물주기(몽글몽글 곰보 모양)

혼공비법

★ 여기서 잠깐! ★

일반 설기떡류의 물주기보다 물을 많이 해야 해요

4 찜기 시루 밑에 젖은 면포를 깔고 설탕을 뿌린 후 **3**을 설기게 담고 증기구멍을 만들어 20분간 찌기

흑임자시루떡
개피떡(바람떡)

2시간

5 팥앙금을 15g씩 12개 이상 나누어 타원형으로 만들기

6 비닐에 고체유 바르기

7 **6**에 반죽을 올리고 치대주기

★ 여기서 잠깐! ★

빨래 빨 듯이 치대주세요

8

반죽을 일정한 두께로 나눠 밀대로 민 후 앙금을 넣고 틀로 찍어 12개 만들기

9

참기름을 바르고 접시에 담아 제출

★ 여기서 잠깐! ★

반죽을 크게 밀어 사용하면 시간이 단축돼요

합격포인트

- 떡의 반죽 두께와 크기를 일정하게 한다.
- 떡의 겉이 마르지 않도록 참기름을 발라준다.
- 앙금은 가운데 오도록 한다.

2시간

혼공비법 실전연습

실제로 시험은 두 가지 과제를 제출해야 하니까
두 가지 과제를 만드는 실전 연습은 여길 보세요!

흑임자시루떡

① 떡 제조 시 물의 양은 적정량으로 혼합하여 제조하시오(단, 쌀가루는 물에 불려 소금간하지 않고 1회 빻은 찹쌀가루이다).
② 흑임자는 씻어 일어 이물이 없게 하고 타지 않게 볶아 소금간하여 빻아서 고물로 사용하시오.
③ 찹쌀가루 위·아래에 흑임자 고물을 이용하여 찜기에 한켜로 안치시오.
④ 찜기에 안쳐 물솥에 얹어 찌시오.
⑤ 썰지 않은 상태로 전량 제출하시오.

재료명	비율(%)	무게(g)
찹쌀가루	100	400
설탕	10	40
소금 (쌀가루반죽)	1	4
소금 (고물)	–	적정량
물	–	적정량
흑임자	27.5	110

개피떡(바람떡)

① 떡 제조 시 물의 양을 적정량으로 혼합하여 반죽을 하시오(단, 쌀가루는 물에 불려 소금간하지 않고 2회 빻은 멥쌀가루이다).
② 익힌 멥쌀반죽은 치대어 떡반죽을 만들고 떡이 붙지 않게 고체유를 바르면서 제조하시오.
③ 떡반죽은 두께 4~5mm 정도로 밀어 팥앙금을 소로 넣어 원형틀(직경 5.5cm 정도)을 이용하여 반달모양으로 찍어 모양을 만드시오(◠).
④ 개피떡은 12개 이상으로 제조하여 참기름을 발라 제출하시오.

재료명	비율(%)	무게(g)
멥쌀가루	100	300
소금	1	3
물	–	적정량
팥앙금	66	200
참기름	–	적정량
고체유	–	5
설탕	–	10 (찔 때 필요시 사용)

★ 재료

찹쌀가루(찹쌀을 5시간 정도 불려 빻은 것) 440g
설탕(정백당) 50g
소금(정제염) 10g
흑임자(볶지 않은 상태) 120g

★ 재료

멥쌀가루(멥쌀을 5시간 정도 불려 빻은 것) 330g
소금(정제염) 10g
팥앙금(고운적팥앙금) 220g
고체유(밀납)(마가린 대체 가능) 7g
설탕 15g
참기름 10g

흑임자시루떡
개피떡(바람떡)
2시간

★ 만드는법

1 물솥에 물을 1/2 정도 받아 불에 올리기

2 재료 계량하기

3 흑임자를 씻어 이물 제거하기

4 멥쌀가루를 체에 두 번 내려 물주기(몽글몽글 곰보 모양)

5 찜기 시루 밑에 젖은 면포를 깔고 설탕을 뿌린 후 **4**를 설기게 담고 증기구멍을 만들어 20분간 찌기

6 마른 팬에서 흑임자를 볶아 소금으로 간하여 절구에 빻기

7 팥앙금을 15g씩 12개 이상 나누어 타원형으로 만들기

8 찹쌀가루에 소금 넣고 물주기(4T) 한 후 체에 내리기

9 찜기 시루 밑에 젖은 면포를 깔고 가장자리에 설탕을 뿌린 후 흑임자-찹쌀가루+설탕-흑임자 순으로 평평하게 담아 25분간 찌고 5분간 뜸 들이기

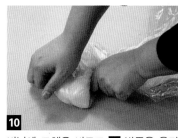

10 비닐에 고체유 바르고 **5** 반죽을 올리고 치대주기

11 **10** 반죽을 일정한 두께로 나눠 밀대로 민 후 앙금을 넣고 틀로 찍어 12개 만들기

12 참기름을 바르고 개피떡 접시에 담기

13 흑임자시루떡 접시에 담기

《흑임자인절미》

흰팥시루떡

멥쌀가루에 흰팥 가루를 올려 찌는 떡

① 떡 제조 시 물의 양은 적정량으로 혼합하여 제조하시오(단, 쌀가루는 물에 불려 소금간하지 않고 2회 빻은 멥쌀가루이다).

② 불린 흰팥(동부)은 거피하여 쪄서 소금간하고 빻아 체에 내려 고물로 사용하시오(중간체 또는 어레미 사용 가능).

③ 멥쌀가루 위·아래에 흰팥고물을 이용하여 찜기에 한켜로 안치시오.

④ 찜기에 안쳐 물솥에 얹어 찌시오.

⑤ 썰지 않은 상태로 전량 제출하시오.

재료명	비율(%)	무게(g)
멥쌀가루	100	500
설탕	10	50
소금 (쌀가루 반죽)	1	5
소금 (고물)	0.6	3 (적정량)
물	–	적정량
불린 흰팥(동부)		320

멥쌀가루(멥쌀을 5시간 정도 불려 빻은 것) 550g
설탕(정백당) 60g
소금(정제염) 10g
거피팥(동부)(하룻밤 불린 거피팥(겨울 6시간, 여름 3시간 이상, 전날 불려 냉장보관 후 지급)) 350g

1 재료 계량하기

2 물솥에 물을 받아 불에 올리기

★ 여기서 잠깐! ★
물을 많이 받으세요. 불린 흰팥을 오래 삶아야
해서 물이 많이 줄어요

3 불린 흰팥을 물에 담가 비벼 씻어서 껍질 제거하기

4 찜통에 젖은 면포를 깔고 흰팥을 넣어 센불에서 40분~1시간 찌고 5분간 뜸 들이기

★ 여기서 잠깐! ★
손으로 으깨면 가루가 될 정도로 삶아주세요

5 **4**에 소금을 넣고 방망이를 이용하여 으깨서 체에 내리기

6 멥쌀가루에 소금을 넣어 물주고 체에 두 번 내리기

★ 여기서 잠깐! ★
계절과 쌀가루 건조상태에 따라 다를 수 있으니
적힌 양의 최저 최고를 생각해서 조절하세요

혼공비법

★ 여기서 잠깐! ★
설탕은 시루에 안치기 직전에 섞어야 모양이 잘
나와요

7 **6**에 설탕을 넣어 섞기

8 찜기 시루 밑에 깔고 흰팥고물-멥쌀가루
+설탕-흰팥고물 순으로 평평하게 담기

흰팥시루떡
대추단자
2시간

실기편 261

9

8을 25분간 찌고 5분간 뜸 들이기

10

두 번 뒤집어서 윗고물 부분이 올라오도록 접시에 담아 제출

★ 여기서 잠깐! ★

아래 고물 부분의 물기가 많아 위로 올라오면 모양이 좋지 못해요

합격포인트

· 위아래 면에 녹두 고물을 평평하게 잘 펴준다.
· 찐 떡의 윗면이 올라오도록 완성 접시에 담는다.

**흰팥시루떡
대추단자**

⏰ **2시간**

대추단자

찹쌀가루에 대추살을 다져넣고 쪄서 치댄 후
모양을 빚어 곱게 채 썬 대추채와 밤채를 고물로 묻힌 떡

❶ 떡 제조 시 물의 양을 적정량으로 혼합하여 반죽을 하시오(단, 쌀가루는 물에 불려 소금간하지 않고 1회 빻은 찹쌀가루이다).

❷ 대추의 40% 정도는 떡 반죽용으로, 60% 정도는 고물용으로 사용하시오.

❸ 떡 반죽용 대추는 다져서 쌀가루와 함께 익혀 쓰시오.

❹ 고물용 대추, 밤은 곱게 채썰어 사용하시오(단, 밤은 채썰 때 전량 사용하지 않아도 됨).

❺ 대추를 넣고 익힌 찹쌀반죽은 소금물을 묻혀 치시오.

❻ 친 대추단자는 기름(식용유) 바른 비닐에 넣어 성형하여 식히시오.

❼ 친떡에 꿀을 바른 후 3×2.5×1.5cm 크기로 잘라 밤채, 대추채 고물을 묻히시오.

❽ 16개 이상 제조하여 전량 제출하시오.

재료명	비율(%)	무게(g)
찹쌀가루	100	200
소금	1	2
물	–	적정량
밤	–	6(개)
대추	–	80
꿀	–	20
식용유	–	10
설탕 (찔 때 필요 시 사용)	–	10
소금물용 소금	–	5

찹쌀가루(찹쌀을 5시간 정도 불려 빻은 것) 220g
소금(정제염) 5g
밤(겉껍질, 속껍질 벗긴 밤) 6개
대추(중, 마른 것, 크기 및 수분량에 따라 개수는 변경될 수 있음) 90g(20~30개 정도)
꿀 30g
식용유 10g
설탕 10g

1
재료 계량하기

2
물솥에 물을 1/2 정도 받아 불에 올리기

3
찹쌀가루+소금(2g)을 섞고 물주기(2T)
한 후 체에 내리기

★ 여기서 잠깐! ★
물을 많이 주면 반죽이 처져서 모양잡기가 힘들
어요

4
재료썰기 1
– 대추(8개) : 씨 제거 후 곱게 다지기

★ 여기서 잠깐! ★
전체 대추 개수 또는 무게의 40%만 다지세요

5
3에 다진 대추 섞기

6
찜기 시루 밑에 젖은 면포를 깔고 설탕
을 뿌린 후 **5**를 주먹을 쥐며 설기게 담
고 증기구멍을 만들어 20분간 찌기

7
재료썰기 2
– 대추(12개) : 씨 제거 후 곱게 채썰기
– 밤 : 곱게 채썰기

★ 여기서 잠깐! ★
다진 대추를 제외하고 모두 채썰어 주세요.

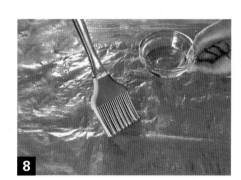

8
비닐에 식용유 바르기

흰팥시루떡
대추단자
2시간

9
물(3T)에 소금을 넣어 소금물 만들기

★ 여기서 잠깐! ★
계량한 소금은 반죽에 넣고 소금물용으로 만드
세요

10
볼에 소금물(1T)을 넣고 **6**을 넣어 남은
소금물을 묻혀가며 절구에 5분 정도 치기

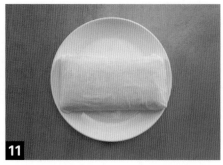

11
식용유를 바른 비닐에 친 떡을 놓고 가로
30cm, 세로 6cm로 모양 잡아 삭히기

12
스크래퍼를 이용하여 3×2.5×1.5cm 크
기로 16개 이상 썰어 꿀을 바르고 대추
채와 밤채 고물 골고루 묻히기

13
접시에 담아 제출

합격포인트

• 떡을 칠 때 소금물을 많이 사용하면 떡이 질어질 수 있다.
• 대추와 밤은 곱게 채썬다.
• 떡의 크기를 일정하게 한다.
• 다진 대추는 반죽과 섞어 사용한다.

혼공비법 실전연습

2시간

실제로 시험은 두 가지 과제를 제출해야 하니까 두 가지 과제를 만드는 실전 연습은 여길 보세요!

흰팥시루떡

① 떡 제조 시 물의 양은 적정량으로 혼합하여 제조하시오(단, 쌀가루는 물에 불려 소금간하지 않고 2회 빻은 멥쌀가루이다).
② 불린 흰팥(동부)은 거피하여 쪄서 소금간하고 빻아 체에 내려 고물로 사용하시오(중간체 또는 어레미 사용 가능).
③ 멥쌀가루 위·아래에 흰팥고물을 이용하여 찜기에 한켜로 안치시오.
④ 찜기에 안쳐 물솥에 얹어 찌시오.
⑤ 썰지 않은 상태로 전량 제출하시오.

재료명	비율(%)	무게(g)
멥쌀가루	100	500
설탕	10	50
소금 (쌀가루 반죽)	1	5
소금 (고물)	0.6	3 (적정량)
물	–	적정량
불린 흰팥(동부)	–	320

대추단자

① 떡 제조 시 물의 양을 적정량으로 혼합하여 반죽을 하시오(단, 쌀가루는 물에 불려 소금간하지 않고 1회 빻은 찹쌀가루이다).
② 대추의 40% 정도는 떡 반죽용으로, 60% 정도는 고물용으로 사용하시오.
③ 떡 반죽용 대추는 다져서 쌀가루와 함께 익혀 쓰시오.
④ 고물용 대추, 밤은 곱게 채썰어 사용하시오(단, 밤은 채썰 때 전량 사용하지 않아도 됨).
⑤ 대추를 넣고 익힌 찹쌀반죽은 소금물을 묻혀 치시오.
⑥ 친 대추단자는 기름(식용유) 바른 비닐에 넣어 성형하여 식히시오.
⑦ 친떡에 꿀을 바른 후 3×2.5×1.5cm 크기로 잘라 밤채, 대추채 고물을 묻히시오.
⑧ 16개 이상 제조하여 전량 제출하시오.

재료명	비율(%)	무게(g)
찹쌀가루	100	200
소금	1	2
물	–	적정량
밤	–	6(개)
대추	–	80
꿀	–	20
식용유	–	10
설탕 (찔 때 필요 시 사용)	–	10
소금물용 소금	–	5

★ 재료

멥쌀가루(멥쌀을 5시간 정도 불려 빻은 것) 550g
설탕(정백당) 60g
소금(정제염) 10g
거피팥(동부)(하룻밤 불린 거피팥(겨울 6시간, 여름 3시간 이상, 전날 불려 냉장보관 후 지급)) 350g

★ 재료

찹쌀가루(찹쌀을 5시간 정도 불려 빻은 것) 220g
소금(정제염) 5g / **밤**(겉껍질, 속껍질 벗긴 밤) 6개
대추(중, 마른 것, 크기 및 수분량에 따라 개수는 변경될 수 있음) 90g(20~30개 정도)
꿀 30g / **식용유** 10g / **설탕** 10g

★ 만드는법

1 물솥에 물을 가득 받아 불에 올리기

2 재료 계량하기

3 불린 흰팥을 물에 담가 비벼 씻어서 껍질 제거하고, 찜통에 젖은 면포를 깔고 흰팥을 넣어 센불에서 40분~1시간 찐 후 5분간 뜸 들이기

4 재료썰기
- 대추(8개): 씨 제거 후 곱게 다지기
- 대추(12개): 씨 제거 후 곱게 채썰기
- 밤 곱게 채썰기

5 찹쌀가루+소금(2g)을 섞고 물주기(3T) 한 후 체에 내리고 다진 대추 섞기

6 찜기 시루 밑에 젖은 면포를 깔고 설탕을 뿌린 후 **5**를 주먹을 쥐며 설기게 담고 증기구멍을 만들어 20분간 찌기

7 **3**에 소금을 넣고 방망이를 이용하여 으깨서 체에 내리기

8 멥쌀가루에 소금을 넣고 물주고 체에 두 번 내려 설탕을 넣어 섞기

9 찜기 시루 밑을 깔고 흰팥고물-멥쌀가루+설탕-흰팥고물 순으로 평평하게 담고 25분간 찌고 5분간 뜸들이기

10 볼에 소금물을 넣고 **6** 을 넣어 남은 소금물을 묻혀가며 절구에 5분 정도 치기

11 식용유를 바른 비닐에 친 대추단자 반죽을 놓고 가로 30cm, 세로 6cm로 모양 잡기

12 대추단자 반죽을 스크래퍼를 이용하여 3×2.5×1.5cm 크기로 16개 이상 썰어 꿀을 바르고 대추와 밤채 고물 골고루 묻히기

13 대추단자 접시에 담기

14 흰팥시루떡 두 번 뒤집어서 윗고물 부분이 올라오도록 접시에 담기

《단자》